Gambu Wani Latio

Factores que influenciam a utilização da tecnologia digital nas escolas públicas

Gambu Wani Latio

Factores que influenciam a utilização da tecnologia digital nas escolas públicas

Análise dos factores que influenciam a integração da tecnologia digital no ensino em sala de aula nas escolas públicas do Ohio

ScienciaScripts

Cover image: www.ingimage.com

This book is a translation from the original published under ISBN 978-3-659-80411-3.

Publisher:
Sciencia Scripts
is a trademark of
Dodo Books Indian Ocean Ltd. and OmniScriptum S.R.L publishing group

120 High Road, East Finchley, London, N2 9ED, United Kingdom
Str. Armeneasca 28/1, office 1, Chisinau MD-2012, Republic of Moldova, Europe
Printed at: see last page
ISBN: 978-620-8-32157-4

ÍNDICE DE CONTEÚDOS

BLURB

Este estudo de investigação é importante porque tentou responder a algumas das questões prementes relativas à integração da tecnologia digital ou informática na aprendizagem na sala de aula. Na altura, a integração da tecnologia informática na aprendizagem na sala de aula encontrava-se numa fase crítica, porque havia um impulso, tanto a nível federal como estatal, para a utilização generalizada dos computadores como ferramentas de aprendizagem nas salas de aula, e estava a ser investido muito dinheiro para trazer a tecnologia para as salas de aula. Era imperativo investigar o impacto da tecnologia digital no ensino e na aprendizagem, se é que existia algum. As questões a que o estudo tentou responder diziam respeito à disponibilidade de computadores nas salas de aula, ao grau de utilização dos computadores pelos professores na aprendizagem na sala de aula e aos factores que podem afetar a integração e a utilização da tecnologia na sala de aula.

O objetivo desta investigação era determinar em que medida os professores das escolas secundárias públicas do Ohio utilizam computadores no ensino na sala de aula e investigar os obstáculos à integração dos computadores pelos professores no ensino e na aprendizagem na sala de aula. As análises baseiam-se numa amostra da população estudada de 256 professores selecionados aleatoriamente de 18 escolas secundárias do Estado do Ohio.

Este estudo estabeleceu que, embora a maioria dos participantes tenha adquirido as competências informáticas necessárias para que os professores integrem a aprendizagem digital, a utilização de computadores pelos professores para a aprendizagem na sala de aula foi baixa e esporádica, na melhor das hipóteses, com uma média de 1,8 vezes por semana, um nível equivalente ao de um principiante em informática. Tanto a proficiência informática como a disponibilidade de computadores nas salas de aula do ensino secundário público do Ohio afectam grandemente o grau de utilização da tecnologia informática pelos professores na aprendizagem na sala de aula. Apenas 12% dos professores com conhecimentos de informática leccionavam em salas de aula com cinco ou mais computadores, em comparação com 71% que leccionavam em salas de aula com um a quatro computadores ou que não tinham quaisquer computadores nas suas salas de aula. Enquanto 12% dos professores indicaram utilizar computadores na aprendizagem em sala de aula quatro vezes por semana ou diariamente, apenas 4% deles leccionavam em salas de aula com cinco a dez computadores, em média.

Os resultados sugerem ainda que a falta de acesso a computadores adequados nas salas de aula limita seriamente a utilização regular de computadores pelos professores na aprendizagem na sala de aula. Além disso, o rácio aluno/computador de instrução na sala de aula, o nível de proficiência dos professores em tecnologias informáticas, a atitude dos professores em relação à utilização de computadores no ensino e a perceção do valor dos computadores no ensino foram factores de previsão do grau de utilização de computadores pelos professores no ensino nas escolas secundárias públicas do Ohio. No entanto, duas variáveis - resistência à mudança e localização dos computadores nas escolas para além da sala de aula - não são factores de previsão da utilização de computadores pelos professores na aprendizagem na sala de aula. Além disso, o estudo também estabeleceu que os professores das escolas públicas do Ohio consideram que a falta de acesso a computadores adequados nas salas de aula, a falta de tempo para utilizar os computadores (períodos curtos de aulas) e a localização dos computadores na sala de aula são os principais obstáculos à integração generalizada dos computadores nos currículos escolares.

Este estudo atingiu três objectivos importantes: lançar as bases para uma investigação mais aprofundada sobre a utilização da tecnologia digital na aprendizagem e no impacto social, identificar alguns obstáculos e levantar questões para uma investigação mais aprofundada. Agora que a tecnologia digital parece estar omnipresente e os professores têm conhecimentos de informática, são necessários mais estudos nesta área.

Espero sinceramente que aqueles que se depararem com este livro/trabalho e o lerem despertem a sua curiosidade intelectual e os impulsione para a realização de mais investigação. Pode ser na sua área de interesse académico ou replicar este estudo e determinar se os factores aqui estudados já não são obstáculos ou se continuam a sê-lo. Descobrir se as atitudes dos professores em relação à utilização da tecnologia digital na aprendizagem na sala de aula mudaram, ou se a tecnologia informática é amplamente utilizada na aprendizagem na sala de aula, e o impacto dessa utilização nas competências dos alunos. Quando isso acontecer, então este trabalho de investigação terá cumprido os seus principais objectivos académicos, intelectuais e políticos.

AGRADECIMENTOS

It, Ph.D., o meu orientador de investigação, estou muito grata pelo seu feedback crítico, pelas suas ideias sobre análises estatísticas e pela sua disponibilidade em todas as alturas. As suas perguntas e ideias estimulantes motivaram-me a aprofundar os dados e não teria sido possível concluir este estudo de investigação sem a ajuda de todos aqueles que me orientaram, encorajaram e animaram durante o meu percurso académico. A este respeito, estou eternamente grata ao meu comité de dissertação pelos seus conselhos, orientação e tempo. A minha sincera gratidão à minha orientadora de dissertação, a Professora Teresa J. Franklin Ph.D., pelos seus conselhos, compreensão e disponibilidade para me consultar mesmo em cima da hora. Ao Professor George Johansonanalysis. Influenciou para sempre o meu pensamento e a minha visão da análise de dados, pelo que lhe estou profundamente grato. Estou também grato ao Dr. Don Flournoy, o meu Examinador Externo, e ao Dr. David Moore pelas suas sugestões úteis e pelo seu encorajamento.

Estou profundamente endividado e eternamente grato à minha amada esposa, Annie Njeri Latio, e aos meus filhos, Mbote G. W. Latio, Keji G. W. Latio e Wani G. W. Latio, pelo seu apoio incondicional, sacrifício, paciência e compreensão, sem os quais não teria conseguido realizar o meu sonho académico. Vocês são sempre a minha fonte de motivação, inspiração e força para continuar a seguir o caminho da vida, mesmo quando este se torna mais difícil.

A minha gratidão e o meu muito obrigado aos meus mentores de longa data, o Professor Sam Laki e a Sra. Sue Cook, por me terem desafiado e encorajado no início desta jornada para prosseguir estudos de pós-graduação. Por último, mas não menos importante, muito obrigado aos diretores das escolas secundárias e aos professores que participaram neste estudo, porque sem a vossa ajuda e cooperação, este estudo não teria sido realizado.

RESUMO

LATIO, GAMBU WANI, Ph.D., março de 2009, Dissertação de investigação para o Doutoramento em Tecnologia Instrucional intitulada: *Examination of Factors that Influence Integration of Digital Technology into Classroom Teaching in Ohio Public Schools (260 pp.).*

O objetivo desta investigação era determinar em que medida os professores das escolas secundárias públicas do Ohio utilizam computadores no ensino na sala de aula e quais os obstáculos à integração dos computadores no ensino e na aprendizagem na sala de aula. As análises baseiam-se numa amostra da população estudada de 256 professores selecionados aleatoriamente de 18 escolas secundárias selecionadas aleatoriamente em todo o estado. O estudo concluiu que cerca de 77% dos participantes se consideravam bem preparados e 83% eram proficientes na integração da tecnologia informática. Isto sugere que a maioria dos professores das escolas secundárias públicas do Ohio já adquiriu as competências necessárias em tecnologia digital para utilizar a tecnologia de forma eficaz. Embora a maioria dos participantes tenha adquirido as competências informáticas necessárias, a utilização de computadores pelos professores para a aprendizagem na sala de aula foi considerada muito baixa e esporádica, na melhor das hipóteses, com uma média de 1,8 vezes por semana, o que equivale a um nível de iniciação à informática. Tanto a proficiência informática como a disponibilidade de computadores nas salas de aula do ensino secundário público do Ohio afectaram grandemente o grau de utilização da tecnologia informática pelos professores na aprendizagem na sala de aula.

Além disso, apenas 12% dos professores proficientes leccionavam em salas de aula com cinco ou mais computadores, em comparação com 71% que leccionavam em salas de aula com um a quatro computadores ou que, em média, não tinham quaisquer computadores. No geral, 12% dos professores utilizaram computadores para a aprendizagem na sala de aula quatro vezes por semana ou diariamente, no máximo, mas 4% deles leccionaram em salas de aula com uma média de cinco a dez ou mais computadores. Os resultados sugerem que a falta de acesso a computadores adequados nas salas de aula limita seriamente a utilização regular de computadores na aprendizagem em sala de aula por parte dos professores. Além disso, o rácio aluno/computador de instrução na sala de aula, o nível atingido pelos professores de proficiência em tecnologia informática, a atitude dos professores em relação à utilização de computadores na instrução na sala de aula e a perceção do valor dos computadores na instrução foram factores de previsão da extensão da utilização de computadores pelos professores na instrução na sala de aula em escolas secundárias públicas do Ohio. Duas das outras variáveis analisadas - resistência à mudança e localização dos computadores nas escolas (exceto na sala de aula) - não foram factores de previsão da utilização de computadores pelos professores na aprendizagem na sala de aula. Os professores das escolas públicas do Ohio também consideram que a falta de acesso a computadores adequados nas salas de aula, a falta de tempo e a localização dos computadores na sala de aula são os principais obstáculos à integração generalizada dos computadores nos currículos escolares. Os parâmetros atitudinais justificam estudos mais aprofundados para determinar o seu impacto na integração da tecnologia digital na aprendizagem nas escolas.

CAPÍTULO 1: O PROBLEMA DO ESTUDO

Introdução

Antecedentes do estudo

medida que as economias globais passaram de economias industriais para economias baseadas na informação e nos serviços, a procura de trabalhadores especializados em informática, capazes de aproveitar as tecnologias emergentes para produzir eficientemente novos bens e serviços a baixo custo, aumentou tremendamente (CEO Forum, 2001b; Karolyn & Pains, 2004). Por esta razão, os líderes americanos estão preocupados com o facto de o baixo desempenho académico nas escolas secundárias públicas prejudicar gravemente a competitividade económica global da nação (Lemke & Gonzales, 2006; Culp, Honey, & Mandinach, 2003). A fim de manter a competitividade dos Estados Unidos na economia global baseada nas tecnologias da informação, todo o sistema educativo do país (ensino primário, secundário e superior) está sob pressão para produzir a tão necessária mão de obra tecnologicamente qualificada (CEO Forum; Partnership for 21st Century Skills [PFTFCS], 2006). Por esta razão, a aquisição de competências em tecnologias informáticas já não é um luxo, mas sim uma necessidade para o sucesso individual e nacional no mercado de trabalho orientado para a tecnologia (PFTFCS; CEO Forum). A necessidade de uma utilização omnipresente da tecnologia no sistema educativo para gerar a produção de licenciados com elevadas competências tecnológicas que trabalhem nos sectores público e privado para proteger tanto a economia como a segurança do país é agora mais urgente do que nunca, dada a ameaça crescente e iminente do terrorismo que visa destruir os Estados Unidos da América.

Dotar as crianças em idade escolar dos EUA de competências informáticas é, por conseguinte, um esforço nacional que, até à data, tem permanecido no centro da política educativa dos EUA. Nos últimos 20 anos, os decisores políticos têm-se concentrado intensamente na introdução de mais tecnologia informática nas escolas públicas (Trotter, 2007). Para atingir este objetivo, várias instituições locais, estatais e federais gastam milhares de milhões de dólares todos os anos para fornecer aos professores e alunos tecnologia informática como ferramenta de aprendizagem e instrução nas escolas públicas (Trotter; Barron, Kemker, Harmes & Kalaydjian, 2003). De acordo com a literatura disponível (Kleiner & Farris, 2002, Parsad & Jones, 2005), o investimento substancial em tecnologia informática levou a uma maior disponibilidade e acesso a computadores e à Internet nas escolas públicas dos EUA.

Os computadores na sala de aula oferecem aos professores maiores oportunidades de fornecer materiais de aprendizagem aos seus alunos de formas que nunca estiveram disponíveis há uma década (Roblyer, 2004; Resta, Patru, & Khvilon, 2002). Por conseguinte, é necessário determinar se a tecnologia disponível na

escolas secundárias públicas é utilizado de forma óptima para o ensino na sala de aula, e se essa utilização está a dar frutos em termos de melhoria das práticas de ensino e dos resultados académicos dos alunos.

Declaração do problema

Embora a aceitação pública e o reconhecimento da necessidade de acesso a um ensino de qualidade através da tecnologia informática continuem a crescer, o financiamento tem sido um desafio devido às actuais dificuldades económicas globais que o Estado enfrenta (Ohio School Technology Implementation Task Force, [OSTITF], 2002). Apesar deste obstáculo fiscal, o Ohio continua a financiar a integração da tecnologia informática e o desenvolvimento profissional dos professores em tecnologia digital ou informática no Ohio. De acordo com os relatórios do Estado, o acesso à tecnologia informática nas escolas públicas do Ohio tem melhorado ao longo do tempo. Este aumento é indicado pela diminuição do número de alunos por computador de instrução e pelo aumento das percentagens de professores que recebem formação profissional em tecnologia informática (Education Week: Technology Counts, 2004; eTech Ohio, 2003).

Por exemplo, em 2003, o número médio global de alunos por computador de instrução no Ohio tinha melhorado drasticamente em comparação com o rácio médio nacional de 3,3 alunos por computador, 7,1 nas salas de aula e 15,4 nos laboratórios de informática (Education Week: Technology Counts, 2003). Em 2006, os rácios médios a nível estatal melhoraram para 3,5 alunos por computador de instrução, 5,8 alunos por computador de instrução na sala de aula e 13,0 alunos por computador nos laboratórios de informática (Education Week: Technology Counts, 2006). Em 2008, o rácio médio de alunos por computador de ensino era de 3,5, enquanto o rácio de alunos por computador de alta velocidade ligado à Internet era de 3,4, em comparação com o rácio nacional de 3,8:1

(Education Week: Technology Counts, 2008). Isto sugere que o Estado estava a aumentar o investimento em computadores de alta velocidade e em infra-estruturas de Internet nas escolas.

Também um relatório bianual sobre as condições de implementação das tecnologias informáticas no Ohio, publicado em 2003, indicava que cerca de 52% dos professores das escolas públicas do Ohio recebiam formação em desenvolvimento profissional em tecnologias informáticas (CTPD) sobre a utilização geral dos computadores, 45% dos professores recebiam CTPD sobre estratégias de integração das tecnologias informáticas, enquanto 43% dos professores recebiam CTPD sobre a utilização de software de aplicação, respetivamente (eTech Ohio, 2003). Estes números são muito baixos, quando comparados com a ênfase na importância do CTPD e com os milhões de dólares gastos na integração da tecnologia informática nas salas de aula. Apesar da aparente disponibilidade imediata destes recursos, menos de um quinto dos professores das escolas públicas do Ohio utilizam regularmente computadores para apoiar o ensino baseado em normas (eTech Ohio).

No que diz respeito ao desempenho académico, o desempenho académico dos alunos nos vários níveis de ensino em termos de proficiência, aproveitamento e testes de graduação do Ohio (OGT) é baixo. Com exceção das artes da linguagem, os alunos do Ohio têm um fraco desempenho em matemática, ciências e estudos sociais em todos os níveis de ensino, de acordo com o relatório anual de progresso educativo do Ohio de 2007 (ODE, 2007). O relatório também revelou diferenças no desempenho dos alunos em termos raciais, económicos e de género. Embora a norma média do Estado ou o ponto de corte seja de 75% para a maioria das disciplinas, apenas os alunos do 10th ano atingiram esta norma em matemática, enquanto nenhum nível de ensino atingiu a norma de realização em ciências e matemática no boletim de 2005. Exceto no caso do 10.º anoth , não estava disponível informação crítica sobre o desempenho dos alunos nos outros níveis do ensino secundário.

A literatura disponível (Education Week: Technology Counts, 2008, 2005; eTech Ohio, 2008) indica que os professores das escolas públicas do Ohio têm acesso a computadores adequados nas suas salas de aula e que a maioria dos professores é proficiente na utilização de computadores no ensino na sala de aula. No entanto, é difícil encontrar provas concretas da utilização alargada da tecnologia digital no ensino na sala de aula e do impacto positivo dessa utilização na aprendizagem e no ensino. A nível nacional, o desempenho médio dos alunos quase não é melhor do que há uma década (Lemke & Gonzales 2006; Cuban, 2001). AREPO (2006) relatou uma melhoria académica desanimadora nas escolas secundárias públicas do estado. Aparentemente, os professores ainda não conseguiram fazer coincidir o aparente fácil acesso aos computadores nas salas de aula com a utilização generalizada e rotineira dos computadores no ensino e na aprendizagem na sala de aula (Combs, 2003). Por conseguinte, as provas do impacto da tecnologia informática nos resultados académicos dos alunos não só não existem como, na melhor das hipóteses, são mínimas.

É à luz desta evidência de investigação que este estudo examina a extensão da utilização de computadores na instrução e aprendizagem na sala de aula pelos professores do ensino secundário público do Ohio. Vários factores - tanto internos como externos - influenciam grandemente a utilização de computadores pelos professores para a aprendizagem na sala de aula. Com base numa revisão da literatura de investigação atual (Norris, Sullivan, Poirot, & Soloway, 2003; Becker, 2001, 2000; Smerdon, Cronen, Lanahan, Anderson, Iannotti, & Angeles, 2000) sobre a integração de computadores nos currículos escolares, o investigador formulou a hipótese de que alguns factores internos e externos influenciam mais do que outros o grau de utilização de computadores pelos professores no ensino na sala de aula.

Este ponto de vista influenciou a seleção dos factores internos e externos analisados neste estudo. Os factores internos selecionados para este estudo foram a atitude dos professores em relação à utilização de computadores na sala de aula, a perceção do valor dos computadores na educação e a resistência dos professores à mudança. Os factores externos incluíam o nível de proficiência em tecnologia informática atingido pelos professores, o rácio aluno/computador de instrução na sala de aula e a localização dos computadores nas salas de aula.

Objetivo do estudo

O principal objetivo do estudo era investigar em que medida os professores das escolas secundárias públicas do Ohio utilizam computadores no ensino na sala de aula, os factores que prevêem essa utilização e os principais obstáculos a essa utilização. Os factores investigados neste estudo incluem a atitude dos professores em relação à utilização de computadores na sala de aula, a perceção do valor dos computadores na sala de aula, a resistência dos professores à mudança, a localização dos computadores na sala de aula, o rácio aluno/computador na sala de aula e o nível de proficiência em tecnologia informática atingido pelos professores. A utilização consistente e generalizada de computadores pelos professores no ensino na sala de aula ajuda os alunos a adquirir competências de investigação, comunicação, análise e resolução de problemas, o que, em última análise, melhora o seu desempenho académico (Bebell, Russell, & O'Dwyer, 2004; Roblyer, 2004; Norris, et al., 2003). O

O investigador postulou que os professores das escolas secundárias públicas do Ohio utilizavam computadores quatro vezes por semana ou diariamente de forma regular, e que este é o grau de utilização da tecnologia informática suficiente para afetar os resultados da aprendizagem académica dos alunos. O objetivo deste estudo era determinar se os professores das escolas secundárias públicas do Ohio utilizavam regularmente os computadores na sala de aula quatro vezes por semana ou diariamente. As questões de investigação investigadas no estudo são:

1. Em que medida é que os professores das escolas secundárias públicas do Ohio utilizam regularmente computadores nas suas aulas?

2. Será que a localização dos computadores nas escolas (LOCIS), o rácio aluno/computador de instrução na sala de aula (CSTICR), o nível de proficiência em tecnologia informática atingido pelos professores (TALOCP) e as atitudes dos professores em relação à utilização de computadores na instrução na sala de aula (TCAT), a perceção do valor do computador na instrução (TPCV) e a resistência à mudança (TRTCH) prevêem a extensão da utilização de computadores pelos professores na instrução na sala de aula em escolas secundárias públicas do Ohio?

3. Quais são, na opinião dos professores das escolas secundárias públicas do Ohio, os principais obstáculos à utilização regular da tecnologia informática na sala de aula?

Importância do estudo

O Ohio gasta milhares de milhões de dólares para trazer a tecnologia informática para as escolas públicas e para fornecer desenvolvimento profissional em tecnologia informática (CTPD) aos professores (eTech Ohio, 2008; Education Week: Technology

Counts, 2004). Tudo isto num esforço para melhorar o ensino e a aprendizagem através da utilização da tecnologia informática na implementação do currículo e na esperança de melhorar os resultados dos alunos nas escolas públicas. O nível de utilização da tecnologia pelos professores no Ohio não corresponde ao grau de computadores disponíveis nas escolas públicas (eTech Ohio, 2003). Além disso, faltam estudos a nível estatal que investiguem a extensão ou o nível a que os professores do ensino secundário utilizam os computadores nas aulas no sistema de ensino público do Ohio.

Este estudo investigou factores selecionados que se supõe influenciarem a utilização de computadores pelos professores no ensino e aprendizagem na sala de aula. O objetivo era determinar quais dos factores analisados são preditores do grau de utilização da tecnologia informática pelos professores no ensino na sala de aula. A decisão de se concentrar na utilização de computadores nas escolas secundárias do Ohio tem duas vertentes. Em primeiro lugar, é difícil encontrar estudos que se centrem na utilização da tecnologia informática nas escolas públicas do ensino básico e secundário do Ohio. Em segundo lugar, os resultados académicos do ensino secundário do Ohio, tanto nos testes locais como nos nacionais, são baixos. Com a ênfase na aquisição de competências em tecnologia informática no local de trabalho e o investimento substancial do dinheiro dos contribuintes em tecnologia informática nas escolas, é necessário que o público conheça a extensão da utilização da tecnologia informática no ensino nas escolas secundárias públicas do Ohio (Barron, Kemker, Harmes, & Kalaydjian, 2003) e o seu impacto na aprendizagem dos alunos.

Este estudo também tem implicações políticas e a informação obtida com este estudo contribuirá para a base de conhecimentos sobre a utilização da tecnologia informática nas escolas públicas do Ohio em geral e nas escolas secundárias em particular. Além disso, os resultados do estudo podem ajudar os decisores políticos a determinar o nível de acesso ou disponibilidade de computadores nas escolas e a extensão da sua utilização no ensino e aprendizagem na sala de aula. Estas informações podem ajudar os decisores do Ohio a tomar decisões informadas sobre a utilização, o apoio, a disponibilidade, o financiamento e a capacidade de avaliar se as escolas estão ou não a utilizar de forma óptima a tecnologia informática para melhorar os padrões académicos.

Conhecer os factores de previsão da utilização de computadores pelos professores no ensino na sala de aula ajuda os educadores a realinhar estrategicamente a formação de professores e os programas CTPD para satisfazer as necessidades de cada professor. Esta informação é particularmente importante numa altura em que os fundos são cada vez mais escassos, as taxas escolares cada vez menos aprovadas e a responsabilidade exigida a todos os níveis.

Uma vez que o estudo se centra num nível escolar específico, neste caso, escolas secundárias, os educadores e investigadores podem ter mais confiança nos resultados do estudo proposto do que nos resultados de estudos gerais (K-12). A investigação de uma combinação de factores externos e internos permite uma melhor compreensão da forma como estes factores influenciam a utilização de computadores pelos professores no ensino na sala de aula. Isto é importante por duas razões principais:

1. Se a localização dos computadores na sala de aula, o nível atingido de proficiência em computadores e o rácio aluno/computador na sala de aula forem factores de previsão significativos da utilização de computadores pelos professores no ensino na sala de aula, então os dirigentes escolares e distritais estarão em melhor posição para abordar a questão ao nível da sala de aula.

2. Se a resistência à mudança, as atitudes dos professores em relação aos computadores e a perceção do valor dos computadores na aprendizagem são obstáculos à utilização generalizada da tecnologia informática pelos professores na sala de aula no Ohio, os administradores escolares e distritais estarão em melhor posição para desenvolver soluções específicas para a formação e adaptação do CTPD às necessidades específicas de cada professor.

3. Os contribuintes do Ohio poderão saber se os milhões de dólares de impostos gastos em tecnologia informática são bem gastos ou não. Esta informação tem implicações diretas na aprovação das taxas escolares - a fonte local de financiamento das escolas. Isto é importante porque o desejo do público de obter provas que demonstrem o impacto positivo da utilização de computadores no desempenho dos alunos está a aumentar à medida que o custo da tecnologia informática continua a diminuir (Barron et al., 2003).

Definição de termos

A definição dos termos utilizados no estudo destina-se a assegurar uma compreensão comum do significado de todos os termos utilizados ao longo do estudo.

O ano académico neste estudo é o período que começa a 1 de agosto e termina a 15 de junho, durante o qual as escolas K-12 estão em sessão.

O acesso é a facilidade com que professores e alunos obtêm e utilizam computadores para aprender em casa e na escola (Ogle, Branch, Canada, Christmas, Clement, Fillion, et al., 2003). O acesso refere-se aqui à disponibilidade de computadores na sala de aula e no laboratório de informática e à facilidade com que os alunos e professores podem obter e utilizar os computadores em qualquer altura que desejem.

A disponibilidade, para efeitos do presente estudo, significa que os alunos e os professores têm acesso ou podem utilizar os computadores sempre que desejarem.

O rácio aluno/computador de instrução na sala de aula é o número de alunos por cada computador funcional ligado à Internet localizado na sala de aula para aprendizagem dos alunos.

Computador refere-se a um microcomputador de secretária ou portátil, com capacidade multimédia e ligação à Internet, instalado na sala de aula para efeitos de ensino e aprendizagem. O termo "computador" ou "computadores" utilizado neste estudo refere-se a um computador multimédia atualizado, em funcionamento e ligado à Internet, utilizado no ensino e na aprendizagem nas escolas públicas.

A tecnologia informática refere-se a computadores com capacidade multimédia, conetividade à Internet e periféricos (impressoras, scanners, projectores e vídeos digitais) que funcionam harmoniosamente em conjunto, utilizados como uma ferramenta para melhorar o ensino e a aprendizagem dos alunos na implementação dos currículos escolares em todas as disciplinas nas escolas públicas. Esta definição de tecnologia informática vai para além do hardware, do software e da infraestrutura da Internet e é utilizada no contexto da utilização educativa dos computadores (Ogle, et al., 2003). É importante salientar aqui que, neste estudo, os termos "tecnologia informática" e "tecnologia educativa" significam a mesma coisa e são utilizados indistintamente.

Por professor utilizador de computador discricionário entende-se o professor que é um profissional formado para lecionar disciplinas não tecnológicas nos currículos do ensino secundário, mas que utiliza a tecnologia informática para o fazer.

O software Drill-and-Practice refere-se a software de instrução que apresenta problemas a um aluno para trabalhar um de cada vez e fornece feedback imediato sobre a correção das respostas ou soluções (Roblyer, 2004).

O género refere-se ao facto de a caraterística sexual do participante na investigação ser masculina ou feminina.

A escola secundária, neste estudo, é uma instituição de ensino que proporciona aprendizagem académica a alunos do 9 -12^{thth} ano do sistema escolar público.

Os professores do ensino secundário são professores formados e licenciados que ensinam alunos do 9 -12^{thth} ano no sistema escolar público do Ohio.

A infraestrutura abrange tanto a cablagem (fio, fibra ótica ou coaxial) como dispositivos como routers, modems ou códigos (Ogle, et al., 2003).

A difusão da inovação é o processo pelo qual uma nova ideia ou tecnologia se espalha entre os membros de um sistema social ao longo do tempo (Rogers, 2003).

Um utilizador intermédio de computadores é um professor que utiliza computadores regularmente - pelo menos três a quatro vezes por semana

A Internet é um sistema de computadores ligados em rede por cabos, que permite a comunicação eletrónica entre computadores próximos ou distantes, facilitando a transferência de dados, de ficheiros e de correio eletrónico (Ogle, et al., 2003).

O software de instrução, também conhecido como Courseware, é um software (como tutoriais, exercícios e práticas, simulações, jogos de instrução e resolução de problemas) concebido para fornecer instruções de aprendizagem ou actividades de apoio à aprendizagem ao aprendente (Roblyer, 2004).

A integração dos computadores no currículo refere-se à utilização quotidiana da tecnologia informática como ferramenta de ensino e aprendizagem por parte dos professores do ensino secundário.

A validade do item refere-se à relevância ou exatidão de cada item e do instrumento para medir a área de conteúdo que está a ser investigada (Gay & Airasian, 2003).

Os professores utilizadores não discricionários de computadores são os professores cuja formação principal é o ensino de tecnologias informáticas ou de tecnologias empresariais em escolas secundárias, e a sua utilização de computadores para instrução na sala de aula é mais elevada do que a dos professores que ensinam outras disciplinas.

O utilizador não informático é um professor que não utiliza computadores para o ensino na sala de aula.

Um utilizador principiante de computadores é um professor que utiliza computadores para o ensino na sala de aula uma ou duas vezes por semana, no máximo.

Neste estudo, o termo *"praticante"* refere-se a um professor que utiliza computadores pelo menos três a quatro vezes por semana ou diariamente para o seu ensino na sala de aula.

O software de apresentação é um programa concebido para permitir que os utilizadores apresentem imagens e texto para melhorar as suas palestras/discussões (Roblyer, 2004).

O software de resolução de problemas é um programa de computador instrutivo que apresenta aos utilizadores uma sequência de passos para a resolução de problemas do quotidiano, tais como problemas matemáticos, ou ajuda o aluno a adquirir competências na resolução de problemas (Roblyer).

O software de produtividade é um programa de computador concebido para ajudar os utilizadores de computadores a trabalharem de forma mais eficaz e eficiente enquanto realizam as suas actividades diárias (Shelly, Ashman, Gunter, & Gunter, 2004).

A fiabilidade é o grau em que um instrumento ou os itens medem o que é suposto medirem (Gay & Airasian, 2003).

A taxa de amostragem é o número de selecções feitas a partir de um quadro para atingir a dimensão desejada da amostra, dividido pelo número de selecções no quadro (Czaja & Blair, 1996).

A população do estudo refere-se aos professores do ensino secundário (os professores que leccionam os graus 9 -12^{thth}) no sistema de ensino público do Ohio.

A atitude dos professores em relação à utilização de computadores para o ensino na sala de aula refere-se a disposições emocionais positivas ou negativas que influenciam a utilização ou não utilização dos computadores pelos professores no seu ensino na sala de aula, com base na perceção e na crença de que os computadores são úteis ou inúteis no ensino na sala de aula.

A integração tecnológica é um processo em que um professor utiliza computadores no ensino na sala de aula ao seu nível de competência.

O software tutorial/instrucional é um software informático que fornece ao aprendente uma sequência completa de instruções para aprender a resolver um problema quotidiano ou aprender uma estratégia de resolução de problemas.

A validade diz respeito à forma como o instrumento de investigação mede a utilização de computadores pelos professores para o ensino na sala de aula em escolas secundárias públicas do Ohio.

A escola profissional refere-se a um estabelecimento de ensino do sistema escolar público que prepara os alunos para carreiras baseadas em actividades manuais ou práticas, tradicionalmente não académicas, e diretamente relacionadas com um ofício, uma ocupação ou uma vocação específica.

Limitações do estudo

A população deste estudo está limitada aos professores do ensino secundário do 9º ao 12º ano das escolas públicas do Ohio. Por conseguinte, a exclusão de professores do K-8 e de professores de escolas privadas do Estado limita a generalização das conclusões do estudo a todos os professores do Ohio. Além disso, o instrumento utilizado para a recolha de dados é de auto-relato e comporta um certo grau de parcialidade dos participantes. Os factores examinados no estudo não estão sob o controlo do investigador, o estudo não é experimental e os factores examinados não são os únicos que podem influenciar a integração dos computadores no currículo escolar. Outros factores, como as caraterísticas da escola (nível de ensino, dimensão das matrículas, localização da escola e concentração de pobreza) podem afetar a utilização de computadores na aprendizagem na sala de aula (Smerdon, et al., 2000). O modelo de previsão não inclui todos os factores possíveis que predizem o grau de utilização de computadores pelos professores no ensino na sala de aula. Todos estes aspectos podem limitar a generalização dos resultados.

Delimitações do estudo

Este estudo centrou-se na utilização de computadores na sala de aula por professores do ensino secundário em escolas públicas do Ohio. Embora a população deste estudo seja constituída por professores do ensino secundário em escolas públicas do Ohio, os dados dos professores com formação em informática e educação empresarial não foram incluídos nas análises. Isto deve-se ao facto de a sua formação os predispor a uma utilização desproporcionalmente mais elevada de computadores no ensino na sala de aula e, possivelmente, a uma atitude mais positiva em relação à utilização de computadores no ensino na sala de aula do que os professores de outras disciplinas (Becker, 2001).

Organização do estudo

O capítulo 1 apresenta os antecedentes do estudo, a descrição do problema, o objetivo do estudo, as questões de investigação e o significado do estudo. O capítulo inclui também definições de termos, limitações e delimitação. O Capítulo 2 apresenta a revisão da literatura relevante relacionada com este estudo, com resumo e conclusões. O Capítulo 3 abrange a metodologia do estudo, que inclui a conceção da investigação, as definições operacionais das variáveis, a identificação da população de interesse e a determinação da dimensão da amostra, a conceção da base de amostragem e os instrumentos. O capítulo inclui também o desenvolvimento, a pilotagem, a fiabilidade e a validade do instrumento utilizado para recolher os dados utilizados no estudo. O Capítulo 4 abrange a recolha de dados, a análise dos dados e a apresentação dos resultados. O Capítulo 5 apresenta um resumo das conclusões e recomendações para investigação futura.

CAPÍTULO 2: REVISÃO DA LITERATURA

Introdução

Visão geral

Os educadores introduziram a tecnologia informática nos currículos escolares devido ao seu elevado potencial para melhorar a aprendizagem, o ensino e, subsequentemente, o desempenho académico dos alunos (CEO Forum, 2001a; Norton, Campbell, McRobbie, & Cooper, 2000). O avanço da tecnologia informática, associado à utilização generalizada dos computadores em todas as facetas da vida, fez da informática uma caraterística importante do panorama educativo, nomeadamente nos países desenvolvidos (Granger, Morbey, Lotherington, Owston, & Wideman, 2002). [st]A utilização do computador na implementação de um currículo escolar baseado em normas está a ser articulada num contexto mais amplo de reforma educativa - aquisição de competências informáticas do século XXI e capacidades de aprendizagem ao longo da vida (Law, Lee & Chow, 2002).

Na atual economia global baseada na informação, nunca é demais sublinhar a importância da aquisição de competências informáticas pelos estudantes (CEO Forum, 2001a). A nível mundial, a tecnologia informática ocupa um lugar central na reforma do ensino e no progresso económico de uma nação. Para alcançar as reformas educacionais desejadas, os governos, principalmente nos países industrializados, estão a gastar milhares de milhões de dólares anualmente na implementação de currículos baseados na tecnologia informática (Bebell, Russell, & O'Dwyer, 2004; Roblyer, 2004).

[st]É grande a expetativa de que a utilização do computador na sala de aula melhore os resultados académicos (Kozma, 2003; CEO Forum, 2001a) e prepare os estudantes para a vida no local de trabalho do século XXI (CEO Forum, 2001b; Law, et al., 2002; Partnership for the 21st Century Skills [PFTCS], 2006). Além disso, o aumento da utilização de computadores na vida quotidiana aumentou a exigência de que as instituições de ensino atinjam e mantenham a atualidade tecnológica, a fim de responder e moldar o desenvolvimento socioeconómico nacional (Granger, et al., 2002).

A aquisição de competências informáticas e a capacidade de aprendizagem ao longo da vida são os elementos-chave necessários aos indivíduos e ao país para assegurar o progresso socioeconómico nacional na economia global baseada na informação dos nossos dias (CEO Forum, 2001b; Karolyn & Pains, 2004). Por esta razão, os países, tanto os ricos como os pobres, estão a esforçar-se por equipar as suas escolas com as mais recentes tecnologias informáticas, num esforço para produzir diplomados com conhecimentos informáticos.

Em particular, é fundamental dotar os estudantes de competências em matéria de resolução de problemas, investigação, comunicação e análise (Barron, Kemker, Harmes, & Kalaydjian, 2003). Estes licenciados com competências informáticas são utilizadores criativos, confiantes e produtivos das novas tecnologias, que também compreendem o impacto das tecnologias emergentes na sociedade (Ainley, Banks, & Fleming, 2002; Bebell, Russell, & O'Dwyer, 2004). Por esta razão, a produção de uma mão de obra especializada em informática tornou-se uma questão urgente para os países da era da informação (CEO Forum, 2001a; Karolyn & Pains).

Revisão crítica da literatura relevante sobre computadores

Disponibilidade de computadores nas escolas públicas dos EUA

A introdução da tecnologia informática no currículo escolar dos EUA teve como objetivo melhorar as práticas de ensino e de aprendizagem (Smerdon, Cronen, Lanahan, Anderson, Iannotti, & Angeles, 2000). Esta medida visava produzir uma mão de obra bem formada e tecnologicamente qualificada, responsável pela manutenção da superioridade económica dos Estados Unidos na economia global baseada na informação (Culp, Honey, & Mandinach, 2003). Uma vez que o acesso a computadores multimédia e à Internet afecta a aprendizagem, é importante conhecer o grau de disponibilidade e de utilização desses recursos tecnológicos para a aprendizagem nas escolas públicas (Ogle, T., Branch, M., Canada, B., Christmas, O., Clement, J., & Fillion, J. et al., 2003).

A disponibilidade de tecnologia informática refere-se ao acesso a computadores actualizados ou multimédia em ambientes de ensino (laboratório informático e sala de aula) na escola pública, o que significa que os alunos e os professores têm acesso à tecnologia e podem utilizá-la sempre que desejarem. De acordo com a Sociedade Internacional para a Tecnologia [ISTE], o acesso fácil à tecnologia informática é o pré-requisito para uma utilização efectiva da tecnologia como uma poderosa ferramenta de aprendizagem.

O rácio aluno/computador de instrução ou o rácio alunos/computadores com ligação de alta velocidade indica o nível de acesso à tecnologia informática nas escolas públicas dos Estados Unidos (Ogle, et al., 2003; Becker, 2001; CEO Forum, 2000). Os rácios nacionais e estaduais de alunos por computador de instrução são obtidos dividindo o número total de alunos registados nas escolas públicas pelo número total de computadores utilizados pelos alunos (Barron, et al., 2003; Ogle, et al., 2003; Smerdon et al., 2000). Em relatórios mais recentes (Education Week: Technology Counts 2008, 2007), o rácio de computadores dos alunos tem sido referido como o rácio de alunos por computadores modernos. Neste caso, o computador moderno refere-se a um computador com capacidades multimédia e fabricado cinco anos antes da recolha de dados. É de salientar que, neste estudo, o número total de computadores utilizados para calcular o rácio alunos/computador de instrução na sala de aula não inclui os computadores utilizados pelos administradores escolares nem os computadores para uso exclusivo dos professores.

As escolas dos Estados Unidos fizeram grandes progressos na melhoria do acesso à tecnologia informática, tal como indicado pelo rácio médio nacional de alunos por computador de instrução e de alunos por computador multimédia de 5:1 e 10:1, respetivamente (CEO Forum, 2000). Em 2008, o rácio nacional aluno/computador de ensino era ainda mais baixo, de 3,8:1 (Education Week: Technology Counts, 2008).

Disponibilidade da Internet nas escolas públicas dos Estados Unidos

A conetividade à Internet nas escolas dos EUA aumentou substancialmente desde a sua introdução em 1994 (Williams, 2000). A disponibilidade da Internet nas escolas públicas tem sido documentada como a percentagem de salas de aula e laboratórios de informática com acesso à Internet ou como a percentagem de escolas públicas com acesso à Internet (Ogle, et al., 2003). Por vezes, este rácio é referido como o rácio de alunos por computador com ligação à Internet. O rácio alunos/computadores com acesso à Internet foi obtido dividindo o número total de alunos em todas as escolas públicas pelo número total de computadores com acesso à Internet em todas as escolas públicas (incluindo as escolas sem acesso à Internet) (Parsad & Jones, 2005).

Kleiner e Farris (2002), Kleiner e Lewis (2003) e Parsad e Jones (2005) documentaram um aumento substancial do número de escolas e salas de aula com ligação à Internet nas escolas públicas dos EUA.

De acordo com Kleiner e Farris, a percentagem de escolas públicas com acesso à Internet mais do que duplicou, passando de 35% em 1994 para 99% em 2001, enquanto o número de salas de aula com acesso à Internet aumentou regularmente de 3% para 87% no mesmo período.

Embora não se tenha registado um aumento global da percentagem de escolas com Internet, a percentagem de salas de aulas aumentou para 92% em 2002 (Kleiner & Lewis, 2003). Parsad e Jones (2005) afirmam que, no outono de 2003, quase 100% das escolas públicas dos Estados Unidos já tinham acesso à Internet, enquanto as escolas com salas de aulas com ligação à Internet aumentaram para 93%.

Em termos de relação aluno/computador com ligação à Internet, Cattagni e Farris (2001) referiram que o rácio de computadores com ligação à Internet melhorou (diminuiu) de 9:1 em 1999 para 7:1 em 2000. Este rácio melhorou ainda mais para 4,8:1 em 2002 (Kleiner & Lewis, 2003). Em 2003, este rácio tinha melhorado para 4,4:1, de 12,1:1 em 1998, quando foi medido pela primeira vez (Parsad & Jones, 2005).

Em 2008, o rácio aluno/computador de ensino com ligação à Internet de alta velocidade era de 3,7:1. O rápido aumento do acesso à Internet nas escolas públicas dos Estados Unidos deve-se ao aumento do financiamento para a conetividade à Internet na última década.

Tipos de ligação à Internet

Com o aumento do acesso à Internet nas escolas, os tipos de ligação à Internet também evoluíram ao longo do tempo. A ligação telefónica era o principal modo de acesso à Internet quando esta foi introduzida pela primeira vez nas salas de aula. Atualmente, a conetividade sem fios e de banda larga é comum. Em 2003, cerca de 95% das escolas públicas do país utilizavam a conetividade de banda larga à Internet, contra 80% em 2000 (Parsad & Jones, 2005). Parsad e Jones afirmam ainda que a percentagem de escolas públicas que utilizam o acesso sem fios à Internet aumentou de 23% em 2002 para 32% em 2003. Afirmam que 92% de todas as escolas que utilizavam conetividade sem fios à Internet em 2003 também utilizavam conetividade sem fios de banda larga.

De acordo com Smerdon, et al., 2000), os dados empíricos sugerem que o acesso e a disponibilidade de computadores e da Internet nas escolas públicas dos EUA estão muito aquém do nível que os profissionais consideram necessário para alcançar os resultados desejados em termos de aprendizagem dos alunos. Uma questão importante para os investigadores é a da equidade na distribuição de computadores e da Internet no país. Ao examinar a distribuição de computadores disponíveis nas escolas públicas dos Estados Unidos, é importante ter em consideração a localização de cada escola para determinar se a escola é urbana, suburbana ou rural.

Distribuição dos computadores e da Internet nas escolas públicas dos Estados Unidos

Desde a sua introdução no currículo escolar dos EUA há duas décadas, a disponibilidade e a integração da tecnologia informática no currículo escolar ocuparam um lugar central na política educativa nacional. Dada a perceção do impacto da tecnologia informática na aprendizagem e nas práticas de ensino, é importante examinar os progressos efectuados na aquisição, distribuição e utilização da tecnologia informática no panorama educativo dos EUA (Fórum CEO, 2001a, 2001b).

O investimento em tecnologia informática nas escolas públicas do país aumentou substancialmente, um reflexo da importância crescente da tecnologia informática na aprendizagem e na instrução (CEO Forum, 2001a). Este investimento substancial conduziu a uma maior disponibilidade e acesso a computadores e à Internet nas escolas públicas dos EUA, tal como indicado pela diminuição do rácio aluno/computador de instrução de cerca de 5:1 em 2000 para 3,8:1 em 2006

(Education Week: Technology Counts, 2007). O rácio médio nacional entre alunos e computadores de ensino é baixo, o que significa um elevado acesso à tecnologia, mas a distribuição da tecnologia pode não ser uniforme. Vale a pena examinar a distribuição da tecnologia nas escolas públicas dos EUA e os factores que a influenciam.

Embora o objetivo da utilização de computadores nas escolas possa ser universal, a medida em que os professores utilizam computadores varia consoante as caraterísticas da escola, tais como a dimensão, o nível, a localização, a concentração de pobreza e a inscrição de minorias (Ainley, Bank, & Fleming, 2002). Além disso, Williams (2000) salienta que, apesar dos grandes progressos realizados pelas escolas públicas na obtenção de acesso a computadores e a infra-estruturas da Internet, nem todas as escolas registaram os mesmos progressos até ao final de 1999. Estudos nacionais (Cattagni & Farris, 2001; Kleiner & Lewis, 2003; Smerdon, et al., 2000) mostraram que as escolas públicas americanas registaram enormes progressos na aquisição de computadores e de acesso à Internet.

O acesso à tecnologia informática nas escolas públicas dos EUA, expresso como rácio aluno/computador multimédia instrucional e aluno/computador multimédia instrucional com ligação à Internet, é atualmente de 3,8:1 e 3,7, respetivamente (Education Week: Technology Counts, 2008). No entanto, a distribuição de computadores e da Internet nas escolas públicas varia em função das caraterísticas da escola - nível escolar, dimensão, localização, nível de pobreza, composição racial e outros factores socioeconómicos (CEO Forum, 2001a; Ogle, et al., 2003).

Nível escolar

O acesso aos computadores e à Internet nas escolas públicas varia consoante o nível de ensino. Em termos de nível de ensino, o rácio médio nacional do número de alunos por computador de ensino com ligação à Internet em 2000 era de 8:1 nas escolas primárias e de 5:1 nas escolas secundárias (CEO Forum, 2001a; Cattagni & Farris, 2001). Durante o mesmo período, 76% das escolas primárias tinham acesso à Internet, em comparação com 79% das escolas secundárias; e os rácios aluno/computador de instrução eram de 8:1 e 5:1, respetivamente (CEO Forum, 2001a).

Tamanho da escola

A dimensão da escola também influencia o acesso dos alunos aos computadores e à Internet nas escolas públicas. Williams (2000) referiu que as escolas públicas de média e grande dimensão nos Estados Unidos apresentavam rácios mais elevados de alunos por computador ligado à Internet, de 9:1 e 10:1, em comparação com 6:1 nas escolas de pequena dimensão. De acordo com Kleiner e Ferris (2002), o rácio de alunos por computador com acesso à Internet variava consoante a dimensão da escola, de 9:1, 12,3:1 e 13:1 nas escolas pequenas, médias e grandes em 1998 para 4:1, 5,6:1 e 5,4:1, respetivamente, em 2001. Parsad e Jones (2005) referiram que o rácio aluno/computador de instrução com ligação à Internet era de 3,2:1 nas escolas pequenas, 4,7:1 nas escolas médias e 4,3:1 nas escolas grandes.

O acesso das escolas à Internet varia consoante a sua dimensão. De acordo com o CEO

Forum (2001a), as escolas pequenas (menos de 300 alunos), as escolas médias (300-900 alunos) e as escolas grandes (1000 ou mais alunos) tinham rácios de alunos por computador de 4:1, 7:1 e 7:1, respetivamente. No mesmo relatório, 96% das escolas pequenas, 98% das escolas médias e 99% das escolas grandes tinham acesso à Internet. Kleiner e Farris (2002) referem que 99% das pequenas escolas, 99% das médias escolas e 100% das grandes escolas tinham acesso à Internet no final de 2001. De acordo com Prasad e Jones (2005), o acesso à Internet tinha atingido 100% da capacidade nas escolas de pequena, média e grande dimensão.

Localização da escola

A localização das escolas públicas nos Estados Unidos desempenha um papel importante na distribuição de computadores nas escolas públicas. As escolas podem ser rurais, suburbanas, urbanas ou citadinas, consoante a sua localização. Em 2003, o rácio de alunos por computador de instrução com ligação à Internet era de 3,8:1 nas escolas rurais, 4,6:1 nas escolas urbanas e 5:1 nas escolas urbanas (Parsad & Jones, 2005). Segundo estes investigadores, o acesso à Internet também varia consoante a localização das escolas, na medida em que 94% das escolas rurais, 97% das escolas municipais, 94% das escolas urbanas e 90% das escolas urbanas tinham acesso à Internet no final de 2003.

A disponibilidade da Internet nas escolas públicas também varia consoante a localização da escola. De acordo com Kleiner e Lewis (2003), o acesso à Internet nas salas de aula variava consoante a localização da escola, na medida em que a Internet era disponibilizada nas escolas da cidade, nas escolas urbanas e nas escolas rurais em 88%, 96% e 93%, respetivamente.

Concentração da pobreza

O nível de concentração de pobreza nas escolas afecta a disponibilidade de tecnologia informática nas escolas. Cattagni e Farris (2001) e o CEO Forum (2001a, 2001b) referiram que as escolas em zonas de pobreza extrema (escolas com 75% ou mais de percentagem de alunos com almoço a preço reduzido ou gratuito) têm um rácio mais elevado de alunos por computador ligado à Internet de 9:1, em comparação com 6:1 nas escolas com 35% ou menos de concentração de pobreza. Do mesmo modo, Kleiner e Lewis (2003) afirmam que as escolas com elevada concentração de pobreza têm um rácio aluno/computador ligado à Internet de 5,5:1.

computadores de instrução com ligação à Internet, em comparação com 4,6:1 nas escolas com as concentrações de pobreza mais baixas (escolas com 20% ou menos de concentração de pobreza) no mesmo período.

Estas conclusões são semelhantes ao relatório de Parsad e Jones (2005), segundo o qual o rácio aluno/computador de instrução com ligação à Internet era de 5,1:1 nas escolas situadas em zonas de elevada concentração de pobreza, contra o rácio de 4,2:1 nas escolas situadas em zonas de menor concentração de pobreza. Em termos de acesso à tecnologia informática na sala de aula, verificou-se que 60% das salas de aula das escolas localizadas em zonas de elevada pobreza tinham acesso à Internet, em comparação com 77% a 82% das salas de aula das escolas com menor concentração de pobreza (National Post-Secondary Education Cooperative [NPEC], 2004). A disponibilidade da Internet nas escolas públicas em 2006 também variava consoante a localização da escola. A média nacional do rácio aluno/computador de instrução nas escolas de elevada pobreza e de baixa pobreza era de 3,7:1 e 3,6, respetivamente, enquanto a média nacional do rácio aluno/computador de instrução era de 3,8:1 (Education Week: Technology Counts, 2007).

Inscrição de minorias

A concentração de minorias nas escolas públicas afecta o acesso e a distribuição de computadores. No final de 2006, o rácio nacional global de alunos por computador de instrução era de 3,7:1; era de 4,1:1 nas escolas com minorias elevadas e de 3,5:1 nas escolas com minorias baixas (Education Week: Technology Counts, 2007). Cattagni e Farris (2001) referem que as escolas com um elevado número de alunos pertencentes a minorias (escolas com 50% ou mais de alunos pertencentes a minorias) têm um rácio mais elevado de alunos por computador com acesso à Internet de 8:1, em comparação com 6:1 nas escolas com menos alunos pertencentes a minorias (20% ou menos de alunos pertencentes a minorias). Do mesmo modo, apenas 64% das salas de aula das escolas com um elevado número de alunos pertencentes a minorias têm ligação à Internet, em comparação com 79% a 85% das salas de aula das escolas com um baixo número de alunos pertencentes a minorias (NPEC, 2004).

A utilização da Internet e o tipo de ligação à Internet (dial-up, sem fios e banda larga) nas escolas públicas dos Estados Unidos variam consoante as caraterísticas da escola (Kleiner & Lewis, 2003; Parsad & Jones, 2005). Kleiner e Lewis afirmam ainda que a probabilidade de uma escola utilizar uma ligação de banda larga à Internet aumenta com a dimensão da escola, de 90% para 100% nas escolas pequenas e grandes, respetivamente. Além disso, Parsad e Jones afirmam que as escolas rurais têm menos probabilidades de utilizar a conetividade de banda larga à Internet do que as escolas de outras localidades, como as cidades ou as zonas urbanas.

Parsad e Jones (2005) afirmaram ainda que, em 2003, a proporção de escolas públicas com ligação à Internet sem fios aumentou com a dimensão da escola, mas diminuiu com o aumento da concentração da pobreza. Os investigadores descobriram também que apenas 25% das escolas públicas nas zonas de maior concentração de pobreza têm ligação à Internet sem fios, em comparação com 36% das escolas nas zonas de menor concentração de pobreza. Além disso, 42% das escolas secundárias tinham maior probabilidade de utilizar a conetividade sem fios à Internet, em comparação com 29% das escolas primárias ou elementares no mesmo período (Parsad & Jones, 2005).

Disponibilidade de computadores nas escolas públicas do Ohio

O acesso à tecnologia informática por parte dos alunos e professores das escolas públicas do Ohio é uma componente essencial do desenvolvimento económico do Ohio. É por isso que a integração da tecnologia informática na aprendizagem na sala de aula tem sido o foco dos educadores e decisores políticos do Estado. A integração da tecnologia informática no ensino e na aprendizagem nas escolas públicas do Ohio começou com a criação da Ohio SchoolNet (OSN), atualmente eTech Ohio, em 1994 (OSN, 2000). De facto, o Ohio foi um dos estados pioneiros na implementação da integração da tecnologia informática na aprendizagem na sala de aula, num esforço para melhorar os resultados académicos dos alunos (Daniel & Nancy, 2002). Desde então, o Ohio investiu montantes substanciais em tecnologia informática e CTPD nas escolas públicas, tanto para uso didático como administrativo (The Ohio School Technology Implementation Task Force, [OSTITF], 2002).

No passado recente, o Projeto da Terceira Fronteira (TFP), uma iniciativa de desenvolvimento económico a nível estatal - uma iniciativa diretamente ligada à disponibilidade de tecnologia informática nas escolas públicas. No âmbito deste plano, todas as escolas do ensino básico e secundário aderiram ao TFP em 2003 (Park & Staresina, 2004). O objetivo era desenvolver ligações tecnológicas mais fortes entre os distritos escolares e as instituições de ensino superior, a fim de expandir a investigação educacional nas escolas do Ohio. A construção de uma rede de fibra ótica de alta velocidade, para além das linhas T-1, era uma forma de atingir o objetivo. Os cabos T-1 são cabos de alta velocidade em comparação com as linhas telefónicas utilizadas na infraestrutura da Internet. Durante o ano fiscal de 2003/2004, foram atribuídos 6,4 milhões de dólares e outros 7,8 milhões em 2005 (Semana da Educação: a tecnologia conta, 2005, 2006). O investimento substancial em tecnologia informática e em ligações de banda larga à Internet permitiu melhorar o acesso aos computadores e à Internet nas escolas do Ohio.

A disponibilidade de tecnologia informática nas escolas públicas do Ohio é medida como o número médio de alunos por computador de instrução nas salas de aula ou nos laboratórios de informática. Estes rácios são indicativos do nível a que os alunos das escolas públicas do Ohio têm acesso à tecnologia nos contextos de ensino (OSTITF, 2002). A literatura disponível indica que o acesso à tecnologia informática por parte dos alunos e dos professores nas escolas públicas do Ohio tem vindo a melhorar de forma constante ao longo do tempo, desde que os computadores foram introduzidos nas escolas públicas do Ohio em 1994 (OSTITF).

De acordo com a Ohio School Net (2000), os decisores políticos e os educadores do Ohio concentraram-se no grande objetivo de ter um rácio de computadores multimédia entre a sala de aula e o aluno, de 5:1, mas o caminho para atingir este objetivo tem sido lento. No final de 2002, o acesso aos computadores era de 10:1 (eTech Ohio, 2003). No final de 2003, o rácio foi registado em 5,8:1 para o rácio de alunos em sala de aula por computador de instrução, enquanto 13,8:1 era o rácio médio de alunos em laboratório de informática por computador de instrução de 13,8:1, em comparação com os rácios nacionais correspondentes de 8:1 e 13:1, respetivamente (Education Week: Technology Counts, 2004). O Ohio era o oitavo entre os 10 estados que faziam parte do primeiro quintil de líderes tecnológicos da nação, com o Dakota do Sul no topo da lista (Education Week: Technology Counts, 2005). O relatório mostrava que o rácio aluno/computador de ensino no Ohio era de 5,8:1 em comparação com 7,6:1, a média nacional do rácio aluno/computador de ensino. O relatório estatal sobre tecnologia de 2007 (Education

Week: Technology Counts, 2007) indicava que o Ohio tinha atingido o seu objetivo estatal de ter um rácio de cinco alunos por computador de instrução nos graus K-8 e que, agora, a atenção se centrava nos restantes graus de ensino. O rácio médio de alunos por computador de instrução na sala de aula melhorou para 3,5:1, em comparação com o rácio médio nacional de 3,8:1 (Education Week: Technology Counts, 2008). É de salientar que a média estadual do rácio aluno/computador de instrução não significa que todas as salas de aula e laboratórios de informática do Estado tenham as mesmas médias.

Disponibilidade de Internet nas escolas públicas do Ohio

A disponibilidade da Internet nas escolas públicas do Ohio é medida como percentagem de escolas ou percentagem de salas de aula com acesso à Internet ou como rácio de alunos por computadores de alta velocidade ligados à Internet (Ogle, et al., 2002). O rácio alunos por computador ligado à Internet mede o grau ou a facilidade com que alunos e professores acedem a computadores e à Internet nas suas escolas (OSTITF, 2002).

Uma vez que o acesso à Internet nas salas de aula proporciona aos professores e alunos uma grande variedade de recursos e materiais de aprendizagem (Ogle et al., 2003), o Ohio investiu substancialmente na disponibilidade da Internet nas escolas públicas (eTech Ohio, 2003). A disponibilidade da Internet nas escolas públicas do Ohio traduz-se em rácios de 6:1 e 15:1 de alunos para computadores de instrução com ligação à Internet nas salas de aula e nos laboratórios de informática (Education Week: Technology Counts, 2004). No início de 2008, o acesso à Internet tinha melhorado muito, como indica o pequeno número de alunos por computador ligado à Internet. O rácio médio de alunos por computador multimédia ligado à Internet de alta velocidade nas escolas públicas do Ohio era de 3,4:1, em comparação com o rácio médio nacional de 3,7 (Education Week: Technology Counts, 2008).

Expressos em percentagem de escolas com ligação à Internet, 92% das escolas públicas do Ohio tinham computadores com ligação à Internet numa ou mais salas de aula no final de 2004 (Education Week: Technology Counts, 2005). De acordo com os resultados apresentados, a disponibilidade de computadores e da Internet nas escolas públicas do Ohio melhorou ao longo do tempo desde a sua introdução nas salas de aula. O baixo rácio aluno/computador ligado à Internet nas salas de aula significa um acesso fácil à tecnologia, o que, por sua vez, deverá traduzir-se num nível mais elevado de utilização de computadores nas aulas pelos professores das escolas públicas (NPEC, 2004).

Distribuição de computadores e da Internet nas escolas públicas do Ohio

A distribuição uniforme de computadores e da Internet nas escolas é um pré-requisito importante para a utilização efectiva da tecnologia informática nas escolas a nível estatal. Kleiner e Lewis (2003) referiram que a distribuição de computadores e da Internet nas escolas públicas do país variava em função das caraterísticas da escola, tais como a dimensão da escola, o nível de ensino, a localização, a concentração de pobreza e a concentração de minorias, entre outros factores.

Do mesmo modo, as caraterísticas da escola influenciam grandemente a distribuição da tecnologia informática nas escolas públicas do Ohio. No final de 2003, o Ohio tinha atingido uma média geral de rácio aluno/computador de 4:1 em todo o estado, 5:1 em escolas com elevados índices de pobreza e 5:1 em escolas com elevado número de alunos de minorias, em comparação com os rácios médios nacionais correspondentes de 4:1, 5:1 e 5:1, respetivamente (Education Week: Technology Counts, 2004). De acordo com o mesmo relatório, durante o mesmo período, a percentagem média de escolas com acesso à Internet nas escolas com elevado índice de pobreza era de 98% e nas escolas com elevado índice de minorias era de 98%, em comparação com as percentagens médias nacionais de 98% e 97%, respetivamente. Desde 2005, o acesso e a distribuição da tecnologia informática nas escolas públicas do Ohio melhoraram um pouco, tal como indicado pelos rácios médios estatais de alunos por computador de instrução em função dos factores socioeconómicos da escola (Education Week: Technology Counts, 2007), tal como apresentado no Quadro 2.1.

Tabela 2.1. Acesso e distribuição de computadores nas escolas públicas do Ohio

Número de alunos por computador	Ohio Médias	Nacional Médias
Computadores de instrução em todas as escolas	3.5	3.8
Computadores de instrução na sala de aula	5.8	7.6
Computadores didácticos em zonas de elevada		

pobreza		
sala de aula da escola	3.6	3.9
Computadores didácticos em bairros pobres		
sala de aula da escola	3.7	3.8
Computadores didácticos em comunidades de minorias		
sala de aula da escola	3.9	4.1
Computadores didácticos em minorias		
sala de aula da escola	3.5	3.7
Computadores com Internet de alta velocidade em		
sala de aula em todas as escolas	3.5	3.9
Computador com Internet de alta velocidade em		
sala de aula em escolas com elevada pobreza	3.8	3.9
Computadores com Internet de alta velocidade em		
sala de aula em escolas de baixa pobreza	3.6	3.8
Computadores com Internet de alta velocidade nas salas de aula de escolas com elevada percentagem de minorias	4.2	4.3
Computadores com Internet de alta velocidade nas salas de aula de escolas com elevada percentagem de minorias	3.4	3.7

Fonte: Ohio State Technology Report 2006 e Technology Counts 2007.

Os rácios médios nacionais e nacionais apresentados no Quadro 2.1 parecem sugerir que a distribuição dos recursos informáticos é uniforme em todo o país. Esta observação parece coincidir com as conclusões de Kleiner e Farris (2002) e Williams (2000), que afirmam que o acesso aos computadores e à Internet nas escolas públicas dos Estados Unidos já não varia consoante as caraterísticas da escola. Estes investigadores parecem sugerir que a desigualdade no acesso aos computadores e a fratura digital já não existem nas escolas públicas dos Estados Unidos. Isto não é verdade porque existem efetivamente disparidades na disponibilidade de computadores e da Internet nas escolas públicas dos Estados Unidos.

A comparação do acesso ou da disponibilidade de computadores e da Internet nas escolas públicas do Ohio baseou-se em dados que não incluíam escolas de zonas socioeconómicas elevadas, bem como escolas predominantemente brancas. Um olhar casual sobre estas estatísticas projecta a perceção de que já não existem disparidades na distribuição dos recursos tecnológicos informáticos nas escolas públicas do Ohio. No entanto, na realidade, ainda não é esse o caso.

Isto sugere que as caraterísticas das escolas, como a concentração de pobreza, a inscrição de alunos de minorias, a localização geográfica e a dimensão da escola, são indicadores importantes da disponibilidade e do acesso à tecnologia informática nas escolas. Por outras palavras, estas caraterísticas das escolas são factores importantes de disparidades no acesso à tecnologia informática nas escolas públicas de todo o país e estas disparidades, por sua vez, perpetuam o fosso digital. Por conseguinte, qualquer afirmação sobre a presença ou ausência de um fosso digital baseada apenas na análise de dados de escolas em zonas predominantemente de baixos rendimentos ou de escolas ricas pode ser enganadora.

Embora as afirmações sobre a erradicação do fosso digital e das desigualdades no acesso aos recursos informáticos por parte das escolas possam ser uma boa notícia, essas afirmações podem dar a falsa perceção de que já não existe um problema de desigualdade. A desigualdade no acesso aos computadores e aos recursos da Internet é um impedimento a uma utilização generalizada e eficaz dos computadores na sala de aula por parte dos professores, mas a desigualdade afecta negativamente o grau de utilização dos computadores por alunos e professores e, subsequentemente, os resultados dos alunos.

Utilização de tecnologias informáticas em contextos de ensino

Uma vez que a tecnologia informática foi introduzida na educação com o objetivo de melhorar a aprendizagem e a instrução, a utilização extensiva de computadores pelos professores na implementação de currículos baseados em normas nas escolas públicas é vital para que se atinjam os resultados esperados (Smerdon, al., 2000). Outros estudos

(CEO Forum, 2001b; Kleiner & Farris, 2002; Kleiner & Lewis, 2003) indicam que, à medida que o acesso aos computadores e à Internet continua a melhorar, a utilização do computador na sala de aula como ferramenta de ensino pode melhorar os resultados da aprendizagem.

De acordo com os dados disponíveis sobre o rácio aluno/computador, a nível nacional e estadual, referidos em estudos empíricos, a tecnologia informática e a Internet estão mais acessíveis do que nunca aos professores e alunos das escolas públicas dos Estados Unidos. No seu estudo nacional sobre o acesso a computadores nas escolas públicas, Smerdon, et al., (2000) referiram que 84% dos professores inquiridos no estudo declararam ter computadores nas suas salas de aula, enquanto 95% afirmaram ter computadores noutros locais das escolas. Os investigadores referiram que 53% dos professores inquiridos afirmaram utilizar os computadores para instrução na sala de aula durante o tempo de aula, enquanto 39% dos professores com computadores e Internet disponíveis nas suas salas de aula utilizavam a tecnologia para criar materiais de instrução. Outros investigadores, Kleiner e Farris (2002) e Kleiner e Lewis (2003), investigaram a disponibilidade e a utilização de computadores no ensino na sala de aula e concluíram que quase todos os professores do ensino público (99%) tinham acesso a computadores e à Internet nas suas escolas em 2002.

De acordo com o NPEC (2004), é provável que mais professores do ensino básico (56%) utilizem os computadores e a Internet no ensino na sala de aula do que os professores do ensino secundário (44%). O mesmo relatório indicava ainda que, tanto para os tipos de utilização como para a extensão da utilização, 30% dos professores atribuíam aos seus alunos a utilização de computadores para aprenderem a fazer investigação, enquanto 41% dos professores atribuíam aos seus alunos a utilização de computadores como ferramenta de produtividade (NPEC, 2004). O mesmo estudo revelou que 39% dos professores do ensino básico tinham mais probabilidades de atribuir aos seus alunos a utilização dos computadores para exercícios de simulação do que 12% dos professores do ensino secundário. Além disso, 31% dos professores do ensino básico tinham mais probabilidades de atribuir aos seus alunos a utilização dos computadores para a resolução de problemas do que os professores do ensino secundário (20%). De um modo geral, 41% dos professores do ensino secundário tinham mais probabilidades de atribuir aos seus alunos a utilização de computadores para investigação do que 25% dos professores do ensino básico (NPEC). Um inquérito realizado pela OSN (2000) sobre a utilização da tecnologia informática no ensino nas escolas públicas do Ohio revelou que 80% dos professores das escolas públicas não utilizam computadores no seu ensino diário.

De acordo com o relatório nacional sobre tecnologia do Estado (NSTR) de 2006, o Ohio obteve apenas um D na medida "A capacidade do Estado para utilizar a tecnologia no ensino na sala de aula" (Education Week: Technology Counts, 2007). Este facto é problemático, uma vez que a literatura (Education Week: Technology Counts, 2004; 2005) refere que as escolas do Ohio têm uma elevada disponibilidade de computadores e de Internet. Estas conclusões também mostram que a tecnologia informática nas escolas públicas do Ohio foi subutilizada. Tendo em conta os substanciais dólares dos impostos investidos em tecnologia informática nas escolas públicas do Ohio, os contribuintes do Ohio estão a pressionar os educadores e os decisores políticos do estado para uma maior responsabilização pela utilização eficaz da tecnologia. O público merece saber se a tecnologia informática em que são gastos milhões do dinheiro dos seus impostos conduziu a uma aceitação imediata e a uma utilização generalizada na sala de aula por parte dos professores.

Efeitos da tecnologia no desempenho dos alunos

Enquanto ferramenta de eleição para a reforma educativa, a tecnologia informática é considerada fundamental para melhorar a aprendizagem dos alunos. Por esta razão, o efeito da utilização da tecnologia informática para a aprendizagem no desempenho dos alunos tem sido amplamente estudado (Angrist & Lavy, 2002; Fuchs & Woessmann, 2004). Os educadores começaram a procurar provas empíricas sobre o efeito da utilização do computador para a aprendizagem no desempenho dos alunos já na década de 1970, analisando uma série de estudos sobre a utilização do computador. Foi só em 1975 que a meta-análise, uma ferramenta de análise da investigação, foi introduzida no domínio da investigação educacional e, desde então, melhorou a análise aprofundada (Glass, 2000).

O aparecimento da meta-análise conduziu a uma cascata de estudos meta-analíticos sobre os efeitos da tecnologia informática no desempenho dos alunos. A maior parte dos estudos de meta-análise efectuados sobre o impacto da tecnologia informática nos resultados escolares dos alunos referem alguns efeitos positivos. As meta-análises mais recentes, de Waxman, Lin e Michko (2003), que analisaram 42 estudos publicados de 1997 a 2003, com uma amostra combinada de 7000 alunos, encontraram um tamanho médio de efeito de 0,410. As conclusões destes investigadores sugerem que a dimensão do efeito global da tecnologia no desempenho dos alunos é maior do que o anteriormente referido.

O efeito da tecnologia informática no desempenho dos alunos tem sido uma questão controversa e polémica. De acordo com Blackman, Hild e Wilson-McLaughlin (2002), existem dois campos. De um lado do debate estão os cépticos e os opositores da utilização dos computadores no ensino. Os críticos da utilização do computador no ensino, como Cuban (2001), defendiam há uma década que a utilização do computador no ensino não melhora os resultados dos alunos. Outros investigadores (Angrist & Lavy, 2002) juntaram as suas vozes sobre a falta de efeitos da tecnologia informática no desempenho dos alunos quando estudaram a

O efeito da instrução assistida por computador (CAI) nos resultados em matemática dos alunos do quarto ano em Israel. Para além disso, Fuchs e Woessmann (2004) atribuem o efeito positivo da utilização de computadores nos resultados dos alunos a alegações feitas por políticos e vendedores de software.

Do outro lado do debate estão os apoiantes da utilização de computadores na educação, que acreditam que a utilização da tecnologia informática na educação melhora a aprendizagem e o ensino e, por isso, adoptam a utilização da tecnologia nas escolas (CEO, 2001a). Estas pessoas continuam a promover a aquisição e a utilização de computadores nas escolas públicas. Os entusiastas das tecnologias informáticas parecem retirar o seu entusiasmo pela utilização de computadores na educação do crescente número de estudos (CEO Forum, 2001b; Schacter, 2000) que mostram vários benefícios da utilização de computadores na educação. Uma análise da literatura de investigação sobre o impacto da tecnologia informática (Honey, 2001; Norris, Smolka, & Soloway, 2000; Norris, Sullivan, Poirot, & Soloway, 2003) sugere fortemente que a utilização do computador na sala de aula tem um impacto positivo na aprendizagem e no ensino nas escolas.

Aparentemente, os opositores da utilização de computadores no ensino basearam a sua oposição nas conclusões dos primeiros estudos de meta-análise realizados entre o início da década de 1980 e meados da década de 1990. Se for esse o caso, então a sua afirmação de que a utilização da tecnologia informática na educação "não melhora os resultados dos alunos" é incorrecta, porque a maior parte dos estudos de meta-análise, por exemplo, Waxman, Lin e Michko (2003), encontraram efeitos positivos da utilização do computador na aprendizagem sobre os resultados dos alunos. Waxman, Connell e Gray (2002) apresentaram conclusões semelhantes na sua síntese de estudos de investigação mais recentes sobre os efeitos da utilização da tecnologia informática no ensino e na aprendizagem nos resultados da aprendizagem dos alunos.

A posição atual dos opositores à integração das tecnologias informáticas seria credível se fosse articulada com base na falta de grandes dimensões dos efeitos, porque a maioria das dimensões dos efeitos comunicados até à data variavam entre pequenas e médias. Embora as provas empíricas sugiram que a utilização da tecnologia informática na aprendizagem melhora os resultados dos alunos, a pequena magnitude dos tamanhos dos efeitos comunicados pode ser atribuída a várias caraterísticas da metodologia de conceção da investigação, ao ano de publicação, ao tipo ou modo de aplicação informática utilizada, bem como à complexidade da própria meta-análise (Waxman, et al., 2003). Estes investigadores defendem que, sem estas caraterísticas estranhas dos estudos individuais utilizados nas meta-análises, as dimensões globais dos efeitos da tecnologia informática nos resultados dos alunos poderiam ser maiores do que as atualmente comunicadas.

Bebell, Russell e O'Dwyer (2004) alertaram para o facto de que, antes de se analisar o efeito da utilização de computadores no ensino, os decisores políticos devem primeiro compreender claramente como os alunos e os professores devem utilizar a tecnologia. O conhecimento da integração da tecnologia informática e da forma como os professores a estão a utilizar é importante porque a participação plena e a utilização extensiva dos computadores pelos professores são componentes fundamentais para melhorar a aprendizagem e o ensino na sala de aula.

Efeitos da tecnologia informática nas práticas de ensino

Nunca é demais sublinhar a importância do papel dos professores na utilização efectiva da tecnologia informática para melhorar a aprendizagem. No entanto, os professores não podem integrar eficazmente a tecnologia informática no seu currículo escolar se não tiverem acesso imediato à tecnologia e às competências necessárias para a utilizar em qualquer altura (Ogle, et al., 2003). A disponibilidade de computadores eficazes e de infra-estruturas de Internet não conduz, por si só, a uma utilização eficaz dos computadores nas escolas (Granger, et al., 2002). Por conseguinte, a medida em que os professores adoptam e utilizam a tecnologia informática para o ensino na sala de aula faz a diferença. Mas os professores precisam de ter um acesso fácil aos computadores nas suas salas de aula, bem como possuir competências informáticas proficientes, a fim de estarem confiantes na aplicação da tecnologia onde e quando for apropriado, e devem tomar decisões sensatas e informadas sobre a utilização da tecnologia para que os alunos também o façam. Uma série de barreiras externas e internas prejudicam o grau de utilização dos computadores pelos professores no ensino na sala de aula.

Barreiras à integração de computadores nas escolas públicas dos Estados Unidos

De um modo geral, as barreiras à integração da tecnologia informática nos currículos escolares pelos professores são constituídas por factores internos e externos ou factores *de primeira* e *segunda ordem* (Blackman, Hild, & Wilson-McLaughlin, 2002). Por um lado, os factores internos ou secundários são constituídos por disposições, tais como atitudes, crenças, valores e percepções. Por outro lado, os factores externos ou de primeira ordem incluem as caraterísticas da escola, a falta de tempo, os computadores e as competências informáticas. Investigadores como Lanahan e Boysen (2005) e Smerdon, et al. (2000) afirmam que as percepções dos professores sobre a utilização da tecnologia para o ensino na sala de aula variam em função dos factores externos e internos.

Barreiras externas à integração do computador no ensino na sala de aula

Os factores que se enquadram nesta categoria incluem as caraterísticas da escola, os factores socioeconómicos, a disponibilidade da tecnologia informática e a formação e desenvolvimento profissional. As caraterísticas da escola incluem o nível escolar (ensino básico e secundário), a dimensão da escola (matrículas) e a localização, enquanto os factores socioeconómicos incluem a concentração de matrículas de minorias. Os obstáculos à integração das tecnologias informáticas incluem factores a nível da escola e factores socioeconómicos. Smerdon, et al. (2000), referiu que 38% dos professores indicaram a falta de computadores adequados nas suas salas de aula, enquanto 37% dos professores disseram que a falta de tempo livre para aprender a utilizar os computadores e a Internet eram os maiores obstáculos à sua utilização do computador no ensino na sala de aula.

A localização dos computadores nas escolas, o rácio computador/aluno e o acesso aos computadores por parte de professores e alunos têm sido referidos como os principais factores que impedem ou aumentam a utilização de computadores no ensino e aprendizagem na sala de aula (Lanahan & Shieh, 2002; Mathews & Guarino, 2000; Williams, 2000). Quando foram introduzidos nos currículos escolares pela primeira vez, os computadores foram frequentemente instalados em espaços de ensino partilhados, como laboratórios de informática e bibliotecas. Na altura, a instalação de computadores na sala de aula era indesejável, porque ter computadores na sala de aula limitaria a utilização desses computadores pelos alunos de outras turmas. Smerdon, et al. (2000) descobriram que, de todos os professores inquiridos, 84% declararam ter computadores nas suas salas de aula, quase todos (98%) declararam utilizar os computadores em certa medida. Comparativamente, de todos os professores (95%) que declararam não ter computadores nas suas salas de aula, apenas 85% declararam utilizar os computadores para aprender.

Os investigadores concluíram que os professores que dispunham de computadores adequados nas suas salas de aula utilizavam provavelmente os computadores para o ensino na sala de aula, em comparação com os professores que não dispunham de computadores nas suas salas de aula. Lanahan e Shieh (2002) referiram que 65% dos professores que indicaram ter computadores e Internet nas suas salas de aula utilizavam a tecnologia para o ensino na sala de aula, em comparação com 38% dos professores que referiram não ter computadores nas suas salas de aula. O acesso aos computadores localizados nos laboratórios de informática é muitas vezes limitado porque a utilização dos laboratórios de informática exige uma marcação prévia. Esta limitação significa que os professores podem não ser capazes de utilizar os computadores com a mesma frequência com que utilizariam os computadores localizados nas suas salas de aula. Empiricamente, existe uma correlação significativa entre a disponibilidade de computadores na sala de aula e o nível de utilização de computadores no ensino na sala de aula (Becker, 2000, 2001).

O rácio aluno/computador de instrução na sala de aula é uma medida do grau de acesso ou disponibilidade de computadores num ambiente de aprendizagem. À medida que as escolas adquirem cada vez mais computadores, os rácios de alunos por computador de instrução nas salas de aula melhoraram drasticamente nas escolas de todo o país. De acordo com Ansell e Park (2003), os rácios médios nacionais de alunos por computador de instrução eram de 7:1 na sala de aula e de 15:1 nos laboratórios de informática.

A falta de computadores e de Internet na sala de aula impede a utilização de computadores nos currículos escolares (Becker, 2000). Na sua análise das respostas a inquéritos de professores do ensino básico e secundário (Norris et al., 2003) afirmaram que "o fator de previsão mais significativo da utilização da tecnologia é o número de computadores na sala de aula" (p. 22). Ao investigar a utilização de computadores na sala de aula por professores do ensino secundário na zona rural de Idaho, Mathews e Guarino (2000) referiram que o número de computadores na sala de aula é o melhor indicador da utilização efectiva da tecnologia informática pelos professores. Becker (2000) demonstrou que o rácio entre o número de alunos e o número de computadores na sala de aula é um fator significativo para determinar em que medida os professores utilizam os computadores no ensino. Quando os professores têm acesso a computadores, é provável que os utilizem para o ensino e a aprendizagem nas suas salas de aula (Roblyer, 2004). No entanto, no que respeita ao impacto do rácio aluno/computador no desempenho dos alunos, os resultados empíricos são díspares. Enquanto alguns investigadores, tais como Norris et al. (2003), Ogle et al. (2003) e Becker (2001), referiram que o rácio aluno/computador de ensino afecta positivamente os resultados dos alunos, outros, como Cuban (2001), referiram o contrário.

Barreiras internas à integração de computadores no ensino na sala de aula

Dusick e Yildirim (2000) e Fulton (2000) agruparam as disposições pessoais ou os factores internos num grupo designado por factores sociocognitivos. Os factores que se enquadram nesta categoria incluem a atitude, a ansiedade, a vontade de enfrentar o risco de fracasso na utilização de uma nova tecnologia, a perceção da relevância da tecnologia e a falta de conhecimentos. Outros investigadores (Vannatta & Fordham, 2004) referiram que as crenças e as disposições de um professor estão de facto correlacionadas com uma integração tecnológica bem sucedida. Do mesmo modo, Albion (2001) sublinhou que as crenças dos professores, especificamente as crenças de auto-eficácia, "são componentes importantes e mensuráveis que influenciam a integração da tecnologia" (p.2). As crenças dos professores sobre o papel e o valor da utilização do computador na aprendizagem e na instrução podem influenciar as suas atitudes em relação aos computadores e a adoção de novas pedagogias, de uma forma ou de outra.

A utilização da tecnologia informática na aprendizagem na sala de aula visa melhorar o ensino e a aprendizagem, o que, por sua vez, pode melhorar o desempenho académico dos alunos. Para utilizar a tecnologia informática de forma eficaz, é necessário que os professores alterem as suas práticas de ensino tradicionais. Como qualquer outra inovação, a utilização de computadores no ensino na sala de aula é acompanhada de alguma incerteza e perceção de risco (Rogers, 2003). De acordo com Rogers, a incerteza e a perceção do risco desencadeiam o medo nos professores, e o medo gera subsequentemente a resistência dos professores à utilização do computador no ensino na sala de aula. Uma vez que a resistência dificulta a utilização generalizada do computador para o ensino na sala de aula pelos professores nas escolas públicas do país, isto afecta negativamente tanto o nível de utilização do computador pelos professores no ensino na sala de aula como os resultados da aprendizagem dos alunos.

A resistência dos professores à utilização da tecnologia informática no ensino na sala de aula pode dever-se ao medo do fracasso, à falta de formação e à perceção do valor ou da utilidade da tecnologia (Rogers, 2003; Wiles, 2005). Conceptualmente, a reforma educativa partiu do princípio de que as crenças e as normas regem a mudança escolar (Wiles). A premissa subjacente a este pressuposto é que a escola, enquanto organização, é uma unidade social composta por crenças e normas subjectivas agregadas dos professores (Carter & Leeh, 2001).

De acordo com Wiles (2005), quando as normas de grupo se tornam "uma crença maioritária", isso aumenta inevitavelmente a mudança espontânea. Do mesmo modo, quando a utilização do computador na aprendizagem na sala de aula se torna uma norma entre os professores, aumenta a utilização generalizada da tecnologia nas salas de aula em todas as disciplinas. Vários investigadores estudaram a resistência dos professores à utilização da tecnologia informática para a aprendizagem na sala de aula. Vannatta e Fordham (2004) investigaram o outro lado da resistência à mudança (vontade de mudar) e descobriram que a falta de vontade de mudar (resistência à mudança) é um obstáculo à utilização da tecnologia informática pelos professores.

Como a resistência a uma inovação, a resistência ao uso de computadores para instrução em sala de aula pelos professores pode ser uma expressão externa de predisposições internas em relação aos computadores, como atitude, falta de experiência com computadores e falta de perceção dos benefícios do uso de computadores no ensino (Rogers, 2003). Subsequentemente, a resistência à utilização da tecnologia informática para a inovação do ensino na sala de aula dificulta a realização do potencial da tecnologia informática para melhorar o ensino e a aprendizagem nas escolas públicas (Hills, Reeves, & Heidemeir, 2000).

Como disposição interna, a atitude do professor em relação ao computador influencia o grau de utilização do computador no ensino na sala de aula, consoante a sua atitude seja negativa ou positiva. Como Picciano (2002) afirma sucintamente, a menos que sejam devidamente abordadas, as atitudes negativas dos professores em relação aos computadores impedem a utilização generalizada dos computadores na implementação do currículo. Estudos (Becker, 2000, 2001) mostraram que as atitudes dos professores relativamente à utilização de computadores determinam em grande medida o grau de utilização de computadores na sala de aula. Norris, et al., (2003) referiram que as atitudes dos professores em relação à tecnologia informática não eram um fator de previsão da utilização da tecnologia no ensino na sala de aula.

Valor percebido pelos professores da utilização do computador na instrução na sala de aula

Antes de qualquer inovação poder ser aceite e utilizada, os potenciais utilizadores têm de ver ou perceber os potenciais benefícios que podem advir da aceitação e utilização da inovação. Para utilizar a tecnologia informática de forma eficaz, os educadores devem estar claramente convencidos dos benefícios que advêm dessa utilização (Rogers, 2003). A literatura disponível sugere uma série de benefícios, que resultam da utilização de computadores pelos professores no ensino na sala de aula. Estes benefícios incluem, mas não se limitam a, um aumento dos resultados dos alunos (Norris, et al., 2003), a melhoria da instrução e o controlo efetivo das várias facetas do ensino (CEO, 2001b). Apesar de todos estes benefícios, Roblyer (2004) argumenta que é imperativo que um professor sinta que a inovação é compatível com os seus valores, crenças, orientações pedagógicas e atitude em relação ao ensino e à aprendizagem, para que o professor adopte a inovação. É a este nível de associação da tecnologia informática às necessidades e ganhos pessoais que a utilização do computador no ensino na sala de aula se torna uma norma e a sua utilização se generaliza entre os professores.

Desenvolvimento profissional no domínio da tecnologia informática

De facto, a tecnologia informática oferece aos professores muitas formas de melhorar a aprendizagem e a instrução (Resta, et al.,2002), mas a disponibilidade da tecnologia informática nas salas de aula, por si só, sem proporcionar aos professores a formação necessária e o CTPD, pode não conduzir à obtenção dos resultados de aprendizagem esperados (CEO Forum, 2001a). Por outro lado, a disponibilidade da tecnologia informática por si só (sem formação sustentada e CTPD) pode não conduzir a uma utilização generalizada e efectiva da tecnologia na aprendizagem na sala de aula.

O acesso à tecnologia informática adequada e o DTC sustentado são essenciais para uma integração bem sucedida da tecnologia informática nos currículos escolares. O DTC sustentado é essencial para a integração efectiva da tecnologia informática no ensino e na aprendizagem na sala de aula, porque ajuda os professores a compreender e a adquirir as competências necessárias para aplicar a tecnologia nas suas salas de aula (Ogle, et al., 2003). O DTC formal e a colaboração com outros professores são componentes críticos para proporcionar aos professores oportunidades de formação contínua, para melhorar as competências e a aplicação da tecnologia informática, para se manterem a par das mudanças contínuas na tecnologia informática (Henke, Chen & Geis, 2000 METIRI Group, 2006).

O CTPD formal consiste em programas de desenvolvimento do pessoal escolar e distrital realizados aos fins-de-semana ou no final do ano letivo, cuja duração é tipicamente equivalente a um dia (Parsad, Lewis, & Farris, 2001). As áreas abrangidas por essas sessões de formação incluem aplicações de hardware e software e a integração de computadores no ensino na sala de aula (Ogle, et al., 2003). No passado, o CTPD foi criticado pela falta de continuidade entre o que os professores aprendem e o que se passa na sala de aula no que diz respeito à evolução contínua da tecnologia informática (Parsad et al.), e pela falta de financiamento adequado tanto a nível nacional como estadual (CEO Forum, 2001a). Na viragem do Centenário, o financiamento do CTPD aumentou para 25% das despesas nacionais com a integração da tecnologia informática nas escolas públicas dos Estados Unidos. Consequentemente, o acesso ao CTPD melhorou muito, com mais oportunidades para os professores receberem CTPD em linha e através de seminários ou workshops numa base regular durante todo o ano (Education Week: Technology Counts, 2008; Ogle et al., 2002).

A participação no CTPD e a utilização pelos professores da tecnologia informática no ensino na sala de aula influenciam a competência dos professores e o nível de integração da tecnologia no ensino na sala de aula. Num estudo nacional, Smerdon, et al.(2000) referiram que os professores que passaram mais tempo em actividades CTPD (34% que passaram de 9 a 32 horas e 66% que passaram mais de 32 horas) se sentiam confiantes e bem preparados para integrar a tecnologia informática no ensino na sala de aula do que aqueles que passaram menos tempo (menos de 9 horas) em actividades CTPD. Num estudo semelhante (Rowand, 2000), em que se pedia aos professores que se concentrassem nas várias potencialidades da utilização do computador ou da Internet na sala de aula, 23% referiram sentir-se bem preparados para utilizar a tecnologia, mas apenas 10% indicaram sentir-se muito bem preparados.

A aquisição de competências informáticas e o nível de confiança e proficiência na utilização da tecnologia determinam se os professores podem ou não adotar a tecnologia. Os conhecimentos adquiridos durante o CTPD permitem aos professores utilizar os computadores no ensino na sala de aula. Esta ligação faz do CTPD um fator-chave para uma utilização bem sucedida e eficaz dos computadores na implementação de currículos escolares baseados em normas pelos professores.

Essencialmente, o CTPD serve de ponte entre o ponto em que os futuros e experientes educadores se encontram atualmente e o ponto em que terão de se encontrar, a fim de responderem aos novos desafios de orientar os estudantes para atingirem padrões mais elevados de aprendizagem e desenvolvimento (Fórum CEO, 2001a). A importância do CTPD, como elo de ligação para a integração efectiva da tecnologia nos currículos, não pode ser exagerada.

Uma formação inadequada e a falta de DTC podem influenciar negativamente a utilização generalizada do computador na aprendizagem e no ensino na sala de aula. Por esta razão, o nível de DTC dos professores pode afetar diretamente a sua utilização do computador no ensino na sala de aula. Por conseguinte, o CTPD deve centrar-se na aquisição de competências tecnológicas, bem como na resolução do problema difícil - a atitude dos professores em relação à utilização do computador na aprendizagem na sala de aula (Picciano, 2002).

A disponibilidade e o fornecimento frequente de DTC adequado e apropriado aos professores promove a utilização da tecnologia informática no ensino (Ogle, et al., 2003). Por exemplo, quando Bussey, Dormody e VanLeeuwen (2000) investigaram a utilização da tecnologia informática no ensino no Novo México, afirmaram que a falta de CTPD adequado (falta de programas educativos para aprender sobre educação tecnológica) era um obstáculo importante à utilização da tecnologia informática pelos professores do ensino secundário.

Barreiras à utilização de computadores nas escolas públicas do Ohio

A análise da literatura revela que as barreiras que impedem a integração da tecnologia informática a nível nacional são os mesmos factores que também impedem a integração dos computadores nas escolas públicas do Ohio. Os factores são constituídos por disposições internas ou dos professores e por factores externos. Os investigadores (Franklin, 1999; Maddin, 2002; Muir-Herzig, 2004; Vannatta & Fordham, 2004) investigaram uma série de factores que promovem ou impedem a infusão da tecnologia informática nas escolas públicas do Ohio. As atitudes dos professores em relação à utilização de computadores no ensino na sala de aula foram consideradas um fator crítico que influencia a medida em que os professores das escolas públicas do Ohio utilizam os computadores e a Internet no ensino e na aprendizagem (Albejadi, 2000; Franklin, 1999; Vannatta & Fordham, 2004). Na sua investigação sobre a utilização da Internet para a aprendizagem por professores do ensino básico e secundário em escolas públicas do Ohio, Albejadi também descobriu que as atitudes dos professores em relação à utilização de computadores e a proficiência em computadores eram factores de previsão significativos do nível de utilização da Internet.

Num estudo semelhante, Vannatta e Fordham (2004) investigaram os atributos dos professores que afectam a sua utilização de computadores no ensino na sala de aula entre os professores do ensino básico e secundário no noroeste do Ohio. Os investigadores descobriram que a abertura/disposição para a mudança e o nível de proficiência informática eram factores significativos que influenciavam a utilização de computadores pelos professores no ensino na sala de aula. A integração de computadores na instrução em sala de aula por professores do ensino básico e secundário em Ohio foi influenciada pelo nível de CTPD dos professores, falta de acesso a computadores, falta de formação em informática e falta de tempo para aprender a usar a tecnologia (Franklin, 1999). Muir-Herzig (2004) salienta que o baixo nível de utilização de computadores pelos professores para o ensino na sala de aula afecta a utilização de computadores para a aprendizagem dos alunos em risco.

Uma análise crítica da literatura sobre a utilização de computadores pelos professores para o ensino na sala de aula nas escolas públicas do Ohio revela padrões semelhantes aos dos estudos efectuados a nível nacional. Os estudos a nível nacional e estatal utilizam populações de amostras que combinam participantes do ensino básico e secundário, mas faltam estudos a nível estatal que se centrem num nível escolar específico, especialmente no ensino secundário.

Uma análise cuidadosa da literatura revelou poucos estudos que examinassem a utilização da tecnologia informática a nível estatal para a implementação do currículo nas escolas secundárias do Ohio. Uma vez que a literatura indica que as escolas do Ohio têm um baixo rácio aluno/computador de instrução, é importante examinar o impacto da tecnologia informática nas práticas de ensino dos professores do ensino secundário no Ohio e nos resultados de aprendizagem dos alunos.

Limitações dos estudos anteriores

Desde o início da década de 1990, o Centro Nacional de Estatísticas da Educação (NCES) tem vindo a acompanhar a evolução da disponibilidade e da integração da tecnologia informática no país. Os estudos abrangeram vários aspectos da integração da tecnologia informática nas escolas públicas dos Estados Unidos e o impacto da tecnologia no ensino e na aprendizagem. Os estudos incidiram sobre a disponibilidade, o acesso, a distribuição da tecnologia informática, a disponibilidade de formação e de CTPD e o impacto da tecnologia informática e da Internet no desempenho dos alunos. Os dados recolhidos nos estudos nacionais constituem a espinha dorsal da investigação sobre a utilização da tecnologia educativa no ensino na sala de aula a nível nacional e estatal. Posteriormente, as conclusões destes estudos têm sido fundamentais para informar a política educativa dos Estados Unidos ao longo dos anos. Devido ao papel importante que estes estudos desempenham na definição de políticas, é importante discutir algumas limitações comuns destes estudos anteriores.

Os estudos realizados para avaliar a utilização da tecnologia informática nas escolas públicas devem centrar-se na integração da tecnologia informática por professores discricionários e não por professores não discricionários (Norris, et al. 2003). Estes investigadores argumentam que a inclusão dos professores não discricionários numa amostra de estudos que investigam a integração da tecnologia nos currículos escolares enfraquece os estudos que, de outra forma, seriam informativos. No entanto, estudos anteriores sobre a integração da tecnologia informática nos currículos escolares utilizaram amostras que incluíam professores não discricionários utilizadores de computadores. Por conseguinte, os resultados desses estudos são imperfeitos e enganadores.

Além disso, a generalização das conclusões desses estudos a todo o ensino básico e secundário, independentemente da dimensão e da composição da amostra da população utilizada, é enganadora. Uma análise mais atenta da literatura revela que as amostras da população utilizadas na maioria dos estudos incluem professores do ensino básico, médio e superior ou uma combinação destes níveis. Por exemplo, Ravitz, Wong, & Becker, (1998) inquiriram 4 professores deth e 8 deth e 12 alunos deth sobre a utilização da tecnologia informática na aprendizagem e instrução na sala de aula, mas generalizaram as suas conclusões aos professores do ensino básico e secundário. Geralmente, mesmo quando a amostra utilizada era uma amostra conveniente, os investigadores apresentam as suas conclusões como abrangendo populações do ensino básico e secundário. Os resultados dos estudos que utilizaram amostras que incluíam participantes do ensino básico e secundário são difíceis de generalizar para um nível escolar específico. Os estudos estatais e nacionais que se centram num nível escolar específico (ensino básico, médio ou superior) são escassos. Uma vez que a utilização da tecnologia informática na aprendizagem na sala de aula é um processo complexo e influenciado por uma variedade de factores, os estudos que abordam problemas educativos a um nível escolar específico são mais informativos para os decisores políticos do que os resultados de estudos que geralmente utilizam populações de amostras de estudo transversais.

Estrutura

A análise da literatura disponível sugere que a integração da tecnologia informática nos currículos escolares ocorre num contínuo ao longo do qual os professores implementam a utilização da tecnologia informática no ensino na sala de aula a diferentes níveis (Moersch, 1995). À medida que os professores progridem na aquisição de competências em tecnologias informáticas, também progridem na implementação da integração das tecnologias informáticas no ensino na sala de aula, tornando-se utilizadores de pleno direito das tecnologias informáticas nas suas práticas de ensino (Barron, et al., 2003; Bebell, et al., 2004). A literatura revela ainda que o acesso à tecnologia informática nas escolas públicas dos Estados Unidos se encontra a níveis adequados - como indica o menor número de alunos que partilham um computador.

Este estudo centrou-se na determinação da medida em que os professores das escolas públicas do Ohio utilizam os computadores no ensino na sala de aula. Uma vez que os professores implementam a integração da tecnologia informática a diferentes níveis, o LoTi (níveis de integração tecnológica) constitui o quadro para examinar em que medida os professores das escolas secundárias públicas do Ohio integram a tecnologia informática no ensino na sala de aula. De acordo com Moersch, foram identificados oito níveis (de 0 a 6) como fases distintas da integração da tecnologia informática pelos professores ao longo do continuum tecnológico. As fases são a não utilização, a consciencialização, a exploração, a infusão, a integração (mecânica), a integração (rotina), a expansão e o aperfeiçoamento. Este quadro considera que a integração da tecnologia informática ocorre num continuum, ao longo do qual os professores num dos extremos do continuum (nível 0) tendem a evitar a utilização da tecnologia informática no seu ensino na sala de aula (não utilizadores), e esses professores empregam abordagens ou pedagogias de ensino centradas no professor. No outro extremo do continuum (nível 6), encontram-se os professores que tendem a ser inovadores e utilizam ativamente os computadores para o ensino na sala de aula, utilizando pedagogias ou abordagens centradas no aluno.

Com base neste quadro, foram definidos quatro níveis possíveis de utilização de computadores pelos professores no ensino na sala de aula - não utilizadores, principiantes, intermédios e profissionais - que foram utilizados na explicação da extensão da utilização da tecnologia informática no ensino na sala de aula nas escolas secundárias públicas do Ohio. Os não-utilizadores referem-se ao nível em que os professores não utilizam computadores de todo no seu ensino na sala de aula; os principiantes referem-se ao nível em que os professores raramente utilizam computadores (uma ou duas vezes por semana, no máximo). Intermediário refere-se ao nível em que os professores usam computadores três a quatro vezes por semana. Este é o nível mínimo em que os professores deveriam estar a utilizar computadores para influenciar positivamente os resultados da aprendizagem. Os praticantes referem-se aos professores que utilizam os computadores diariamente nas suas aulas e que estão entusiasmados em ajudar outros professores a fazer o mesmo.

A interpretação da utilização da tecnologia neste estudo não é apenas a realização de tarefas isoladas (por exemplo, processamento de texto de um trabalho de investigação, criação de uma apresentação de diapositivos multimédia, navegação na Internet). [st]Pelo contrário, é a integração da tecnologia em formas intencionais que constroem e reforçam a resolução de problemas, a investigação, a comunicação e as competências analíticas, todas elas competências vitais necessárias no local de trabalho do século XXI (MERITI Group, 2006; Karolyn, & Pains, 2004).

Resumo

A necessidade de ter empregados com conhecimentos de informática no local de trabalho é a força motriz por detrás da utilização da tecnologia na aprendizagem em sala de aula. A paixão com que a sociedade e a comunidade empresarial em particular adoptaram os computadores e a Internet significa que as instituições educativas terão de continuar a fornecer a tecnologia para a aprendizagem. Resta, et al. (2002) argumenta que se os professores não receberem formação para adquirirem as competências necessárias, se não tiverem acesso fácil a computadores adequados nas suas salas de aula e se não lhes for dado o apoio técnico e moral de que necessitam para utilizarem os computadores de forma eficaz e rotineira no seu ensino quotidiano, então os escassos recursos investidos em tecnologia informática nas escolas públicas serão desperdiçados.

A literatura analisada indica que os professores e os alunos das escolas públicas do Ohio têm acesso imediato à tecnologia informática nas suas salas de aula, tal como indicado pelo baixo rácio alunos/computador de instrução. O Ohio também proporciona aos professores um desenvolvimento profissional contínuo no domínio das tecnologias informáticas em vários formatos - seminários e online. A análise crítica da literatura sobre a integração da tecnologia informática ajudou a identificar os factores internos e externos examinados neste estudo. Os factores internos incluem a atitude dos professores em relação à utilização de computadores no ensino na sala de aula, a perceção do valor dos computadores na educação pelos professores e a resistência dos professores à mudança. Os factores externos incluem o nível de proficiência em computadores atingido pelos professores, o CTPD, o rácio aluno/computador de instrução na sala de aula e a localização dos computadores na escola. Uma vez que estes factores influenciam a aprendizagem da utilização dos computadores de uma forma ou de outra, são as variáveis examinadas neste estudo para determinar o seu poder de previsão sobre o grau de utilização dos computadores pelos professores no ensino na sala de aula e em que medida estes factores influenciam a utilização da tecnologia informática nas escolas secundárias públicas do Ohio.

CAPÍTULO 3: METODOLOGIA

Resumo do capítulo

O Capítulo 3 desta investigação apresenta a metodologia de investigação, especificamente, a identificação da população de estudo, as variáveis, as questões de investigação, a determinação da dimensão da amostra e a construção da estrutura de amostragem, o desenvolvimento do instrumento de investigação, o estudo piloto, a definição operacional, a recolha de dados e o desenho de regressão múltipla. O desenvolvimento de um modelo de previsão ou equação de regressão que tenha capacidade de generalização e poder de previsão é fundamental neste estudo. Uma equação de regressão com baixo poder de previsão é de utilidade limitada e de baixo valor científico (Cohen, 1988; Stevens, 1999). Segundo Stevens, a dimensão da amostra e o número de factores de previsão são dois factores críticos que determinam a generalização e a fiabilidade do modelo.

Variáveis examinadas

As variáveis examinadas como possíveis factores de previsão da integração da tecnologia informática nas escolas públicas foram as seguintes: localização dos computadores na escola (LOCIS), rácio aluno/computador na sala de aula (CSTICR), nível de proficiência em tecnologia informática atingido pelos professores (TALOCP), perceção do valor do computador no ensino na sala de aula (TPCV), atitudes dos professores em relação à utilização do computador no ensino na sala de aula (TCAT) e resistência dos professores à mudança (TRTCH). O estudo procurou determinar em que medida cada um destes factores promove ou dificulta a utilização regular de computadores pelos professores para o ensino nas escolas públicas do Ohio. O grau de utilização regular de computadores neste contexto significa que os professores utilizam computadores para o ensino na sala de aula pelo menos três a quatro vezes por semana ou diariamente. As três questões de investigação são as seguintes:

1. Em que medida é que os professores das escolas secundárias públicas do Ohio utilizam regularmente computadores nas suas aulas?

2. Será que a localização dos computadores nas salas de aula (LOCIC), o rácio aluno/computador na sala de aula (CSTICR), o nível de proficiência em tecnologias

informáticas atingido pelos professores (TALOCP), as atitudes dos professores em relação à utilização de computadores no ensino (TCAT), a perceção do valor dos computadores no ensino (TPCV) e a resistência dos professores à mudança (TRTCH) prevêem o grau de utilização de computadores no ensino nas escolas secundárias públicas do Ohio?

3. Quais são, na opinião dos professores das escolas secundárias públicas do Ohio, os principais obstáculos à utilização regular da tecnologia informática na sala de aula?

Definição operacional de variáveis

Os dados demográficos apresentam as caraterísticas e a composição da população em estudo. Neste estudo, esta informação foi obtida a partir dos itens 1, 2, 3, 4 e 5 do questionário do inquérito.

O rácio aluno/computador de sala de aula (CSTICR) é o quociente médio entre o número de alunos matriculados numa sala de aula que são ensinados pelo professor durante o ano letivo em que o inquérito foi realizado (item 6) e o número total de computadores existentes nas salas de aula utilizados para a aprendizagem dos alunos (item 7a). Os computadores aqui referidos são computadores multimédia actualizados e ligados à Internet, localizados nas salas de aula das escolas públicas (item 7a).

O valor percebido pelos professores da utilização do computador na sala de aula (TPCV) é a magnitude resultante da melhoria dos resultados dos alunos e do ensino inerente à utilização adequada da tecnologia informática na sala de aula. Operacionalmente, esta variável é a média dos itens 8, 9, 10, 11 e 12 do questionário do estudo.

As atitudes dos professores em relação à utilização de computadores para o ensino na sala de aula (TCAT) são os sentimentos ou emoções positivos ou negativos dos professores em relação à utilização de computadores para o ensino na sala de aula. Operacionalmente, esta variável é a média dos itens 13, 14, 15 e 16 do questionário do estudo

A resistência dos professores à mudança (TRTCH) é a recusa de utilização ou a utilização limitada de computadores no ensino na sala de aula por parte de um professor, porque essa utilização implica a adoção de novas abordagens de ensino.

Operacionalmente, a resistência à mudança é o valor médio dos itens 17, 18, 19, 20 e 21 do questionário do estudo.

A localização dos computadores na escola (LOCIS) refere-se à disponibilidade de computadores com o único objetivo de aprendizagem dos alunos na sala de aula, definida operacionalmente como a média dos itens 22, 23, 24 e 25 do questionário do estudo

O nível atingido de proficiência em tecnologia informática dos professores (TALOCP) refere-se às competências informáticas dos professores necessárias para o ensino na sala de aula. Através de workshops e seminários do CTPD, formação entre pares, auto-formação e cursos universitários, ou uma combinação destes métodos, os professores podem adquirir estas competências. A variável foi medida como a média dos itens 27 e 28 do questionário do estudo.

O grau de utilização de computadores pelos professores no ensino na sala de aula (TEOCUICI) refere-se à média dos itens 30 do questionário. Neste estudo, a utilização de computadores três a quatro vezes por semana ou diariamente constitui o nível produtivo da tecnologia informática no ensino na sala de aula. Quando os professores utilizam os computadores duas ou menos vezes por semana, isso constitui uma utilização reduzida ou subutilização da tecnologia, que não afecta positivamente a aprendizagem.

As utilizações não-instrucionais dos computadores na educação incluíam a utilização pelos professores do correio eletrónico para comunicar com os pais dos alunos, planear as aulas e manter registos (itens 32a, 32b, 32c e 32d do questionário do estudo) e foram analisadas para estabelecer a existência de uma correlação entre a utilização discricionária dos computadores pelos professores para o ensino na sala de aula e as utilizações não-instrucionais. Isto é importante porque o investigador postulou que os professores que utilizam regularmente os computadores para fins não-instrucionais também utilizam regularmente os computadores para o ensino na sala de aula.

População de interesse

Os professores do ensino secundário do sistema de ensino público do Ohio constituem a população de interesse para este estudo. Vários factores influenciaram a escolha deste sector da população de professores do sistema de ensino público do Ohio. O Ohio investiu substancialmente na integração da tecnologia informática nas escolas públicas, o que é um bom indicador do empenhamento do Estado em proporcionar um melhor ambiente de ensino e aprendizagem nas escolas públicas. A literatura disponível (Education Week: Technology Counts, 2007, 2008) indica que as escolas públicas do Ohio estão bem equipadas com computadores e Internet nas suas salas de aula. O baixo rácio médio de alunos por computador nas salas de aula, de 4:1, e o rácio de alunos por computador nas salas de aula, de 5:1, de computadores ligados à Internet (Park & Staresina, 2004) indicam a disponibilidade de tecnologia informática nas escolas do Ohio

Além disso, vários investigadores (Albejadi, 2000; Franklin, 1999; Vannatta & Fordham, 2004) estudaram a integração dos computadores nas salas de aula das escolas públicas do Ohio. Especificamente, Albejadi investigou a utilização da Internet na aprendizagem na sala de aula em escolas primárias e secundárias do Ohio. Franklin examinou os factores que influenciam a utilização da tecnologia informática no ensino básico e secundário nas escolas públicas do Ohio. Vannatta e Fordham investigaram a utilização de tecnologias informáticas em escolas do ensino básico e secundário no noroeste do Ohio. Tal como nos estudos a nível nacional, estes estudos investigaram a utilização da tecnologia informática no ensino básico e secundário em geral. Faltam estudos que se centrem especificamente na utilização de computadores pelos professores do ensino secundário do Ohio. No entanto, esses estudos poderiam esclarecer se os professores estão ou não a utilizar regularmente os computadores para o ensino nas salas de aula. Além disso, os estudos empíricos sobre a utilização de computadores em diferentes níveis de ensino são importantes para a elaboração de políticas que visem o desempenho dos alunos, o planeamento estratégico da formação de professores e o desenvolvimento profissional no Estado.

Determinação da dimensão da amostra

Como é o caso num estudo de investigação desta natureza, a dimensão adequada da amostra é importante, porque a validade cruzada da equação de regressão depende principalmente da dimensão da amostra (Gay & Ariasian, 2003). A falta de um coeficiente de determinação (R^2) para a população em estudo, em qualquer domínio, complica a determinação da dimensão da amostra para os estudos de regressão. Este estudo enfrentou o mesmo dilema, porque os estudos empíricos anteriores de regressão múltipla sobre a integração de computadores nos currículos escolares não determinaram coeficientes de determinação que pudessem ser utilizados na estimativa da dimensão da amostra. Além disso, houve outros factores, como a baixa taxa de devolução dos inquéritos, a exclusão de participantes que não utilizavam computadores de forma discricionária (professores de informática e de tecnologia empresarial) e a rejeição de questionários inadmissíveis, ou seja, os questionários que podiam ser devolvidos em branco ou não preenchidos completa e corretamente.

Taxas de respostas aos inquéritos

Um estudo efectuado por Carter e Leeh (2001), que comparou os níveis de integração da tecnologia informática nas escolas de dois países, obteve taxas de resposta de 32% e 39%. Um estudo em grande escala (Barron, Kemker, Harmes, & Kalaydjian, 2003) sobre a integração da tecnologia nas escolas do ensino básico e secundário obteve uma taxa de resposta de 39%. Norris, Sullivan, Poirot e Soloway (2003) obtiveram uma taxa de resposta de quase 91%, mas trata-se de uma exceção à regra.

Os estudos sobre a utilização de tecnologias informáticas pelos professores no Ohio registaram taxas de retorno moderadamente elevadas. Franklin (1999), num estudo sobre a integração da tecnologia por professores do ensino básico e secundário no Ohio, registou uma taxa de retorno de 70%. Dadas as taxas de retorno variadas e inconsistentes dos estudos de inquéritos, é difícil determinar uma dimensão exacta da amostra para um estudo. Além disso, as taxas de retorno dos inquéritos são cada vez mais baixas, em graus variáveis.

Professores utilizadores de computador discricionários

O principal objetivo deste estudo era prever a extensão da utilização de computadores no ensino na sala de aula por professores do ensino secundário no Ohio, especificamente a utilização de computadores para implementar os currículos escolares baseados em normas em todas as disciplinas por professores cuja utilização de computadores no ensino na sala de aula é discricionária. Alguns investigadores (Becker, 2000), em estudos nacionais, mostraram que 90% dos professores de informática e 69% dos professores de educação empresarial exigem frequentemente que os seus alunos utilizem computadores para aprender, em comparação com apenas 2% a 19% dos seus homólogos que ensinam ciências, artes da linguagem, matemática, estudos sociais, línguas estrangeiras e belas-artes. Ravitz, Wong e Becker (1998) argumentam que a utilização de computadores para o ensino na sala de aula por professores de informática e de educação empresarial não é discricionária porque estes utilizam computadores desproporcionadamente mais do que os professores que utilizam computadores discricionariamente.

Apesar destas provas empíricas, a maior parte dos estudos sobre a utilização de tecnologias informáticas pelos professores do ensino básico e secundário inclui frequentemente nas suas amostras de estudo professores que não utilizam computadores (professores formados para ensinar informática no ensino secundário) (Norris, Sullivan, Poirot, & Soloway, 2003). A investigação indica que pelo menos 19% dos professores do ensino secundário em todo o país têm pelo menos um curso de informática (Ansell & Park, 2003). Seria mais informativo efetuar um estudo com uma amostra que não incluísse professores que não utilizam computadores de forma discricionária.

Uma vez que o objetivo deste estudo era determinar a extensão da utilização de computadores para instrução na sala de aula por professores do ensino secundário que utilizam computadores de forma discricionária no Ohio, os professores que não utilizam computadores de forma discricionária (por exemplo, professores de educação empresarial e professores de tecnologia informática) foram excluídos do estudo.

a amostra. No entanto, a eliminação dos professores não discricionários da amostra reduz a dimensão final da amostra.

Inquéritos inadmissíveis

A rejeição de respostas devolvidas que são inadmissíveis devido a dados em falta também reduz a dimensão final da amostra. Por exemplo, Norris et al. (2003) registaram 1,7%, enquanto Wang (2002) verificou que 5% das respostas devolvidas eram inadmissíveis. As respostas não admissíveis são os questionários preenchidos incorretamente ou os questionários em que falta alguma da informação requerida. A inclusão dos dados dessas respostas na análise pode conduzir a resultados inexactos e, em última análise, a conclusões erradas.

Quando os coeficientes estatísticos empíricos necessários não estão presentes na literatura, Cohen (1988) recomenda a utilização de valores de estimativa pré-determinados *2* do tamanho do efeito (f^2) = .13, poder = .80, α = .05 para estimar o tamanho da amostra.

Estes valores foram utilizados com o software informático G*Power 2. O G*Power 2 é um programa informático de análise do poder estatístico de alta precisão (Erdfelder, Faul, & Buchner, 1998). A dimensão estimada da amostra obtida foi de 364.

A duplicação deste número para 728 seria suficiente para permitir ao investigador dividir a amostra em duas metades, em que uma metade seria utilizada para a construção do modelo de regressão e a outra para a validação cruzada do modelo de regressão obtido. Tendo em conta os factores acima referidos, que poderiam reduzir a dimensão final da amostra, o investigador planeou enviar por correio 1000 questionários, prevendo-se uma taxa de retorno de cerca de 30%.

Instrumentação

Desenvolvimento do instrumento

A fim de avaliar em que medida os professores do ensino secundário do sistema de ensino público do Ohio utilizam computadores nas suas aulas, o investigador desenvolveu um questionário de inquérito. Para desenvolver o instrumento, foram utilizadas informações da revisão da literatura, discussões em grupos de discussão (Anexo A) e itens adaptados de instrumentos anteriores (Anexo C).

A discussão do grupo de discussão envolveu professores em serviço que estão a fazer mestrado e doutoramento em Tecnologia Instrucional na faculdade de educação da Universidade de Ohio. As respostas e os comentários do grupo de discussão conduziram a temas que se relacionam com os pontos de vista e as percepções dos participantes sobre a utilização da tecnologia informática nas escolas públicas. Esta informação serviu de base para a construção do questionário e para as definições operacionais das variáveis do estudo.

O instrumento ou questionário de investigação (Anexo B) era composto por três secções. A Secção 1 continha sete itens (1-7) que recolhiam dados demográficos dos participantes, o número de alunos nas salas de aula, o número de computadores nas salas de aula e nos laboratórios de informática, bem como o número de computadores ligados à Internet utilizados para a aprendizagem dos alunos.

A secção dois contém itens da escala de Likert para medir seis das variáveis do estudo.

Os itens 8-25 têm uma escala de resposta de Likert de quatro pontos, variando entre 1= discordo totalmente e 4= concordo totalmente. Estes itens medem quatro das variáveis relacionadas com as disposições dos professores relativamente à utilização do computador na educação. Os itens 26-31 abordam os métodos pelos quais os professores adquiriram as suas competências informáticas, o nível de competência informática, a utilização regular de computadores para o ensino na sala de aula, bem como as utilizações não lectivas dos computadores. O valor de cada variável é a pontuação média de todos os itens para essa subescala ou variável específica.

A secção 3 continha duas perguntas abertas: Uma pergunta questiona os professores sobre os factores que consideram ser os principais obstáculos ou impedimentos à utilização regular ou rotineira de computadores para o ensino na sala de aula. A segunda pergunta pede aos professores que indiquem o software que utilizam regularmente para o ensino na sala de aula.

Questões de medição

Para que os resultados da investigação tenham valor, nunca é demais sublinhar a necessidade de um instrumento fiável (Gay & Airasian, 2003). A consistência, a validade e a fiabilidade dos itens individuais e do instrumento como um todo foram determinadas utilizando os dados do estudo-piloto. A validade, a fiabilidade e a precisão do instrumento foram determinadas através de uma abordagem dupla, informal e formal (Gay & Airasian; Tuckman, 1999).

A abordagem informal utilizou o contributo de peritos nos domínios da investigação e da tecnologia de ensino da Faculdade de Educação da Universidade de Ohio. Estes peritos examinaram o instrumento e avaliaram a redação dos itens, o conteúdo, a estrutura e a organização em relação aos objectivos e às perguntas do estudo. As sugestões e os comentários dos peritos foram incorporados para melhorar a versão final do instrumento, que foi melhorada com base nos comentários, e o instrumento foi testado como piloto e os dados recolhidos foram analisados. A análise dos dados incidiu principalmente sobre a fiabilidade e a validade dos itens e do instrumento no seu conjunto.

Estudo-piloto

Quando o instrumento de estudo ficou pronto, o investigador contactou o diretor de uma escola secundária no sudeste do Ohio. O diretor da escola queria uma autorização escrita do Gabinete do Superintendente do Distrito antes de realizar o estudo na escola. O investigador contactou o superintendente através de uma carta, pedindo autorização para realizar o estudo nas escolas secundárias públicas do distrito. Foram necessários vários telefonemas e três visitas ao gabinete do superintendente distrital, até que a autorização para realizar o estudo fosse finalmente concedida.

O investigador pôde iniciar o estudo-piloto pouco depois de receber a autorização, porque o Conselho de Revisão Institucional (IRB) da Universidade de Ohio já tinha aprovado o estudo e emitido o certificado (Anexo D). No entanto, nessa altura, as escolas iam fechar dentro de duas semanas para o fim do ano letivo. O investigador dirigiu-se à escola secundária e informou o diretor-adjunto de que o superintendente distrital já tinha dado autorização ao investigador para realizar o estudo. O diretor da escola também tinha aprovado a realização do estudo na escola. No dia seguinte, o investigador entregou os pacotes de investigação na escola.

O pacote era composto por 60 questionários e formulários de consentimento para todos os professores da escola e uma carta de apresentação para o diretor-adjunto. O investigador pediu à direção da escola que colocasse os pacotes de investigação nas caixas de correio de todos os professores da escola. Os professores devolveram os questionários preenchidos e os formulários de consentimento assinados à secretaria da escola no prazo de uma semana (conforme estipulado nas instruções aos participantes) e o

O investigador recolheu os questionários devolvidos. Antes de introduzir os dados num computador, os questionários foram examinados para detetar qualquer informação em falta. O quadro 3.1 apresenta o resumo das variáveis estudadas. O Statistic Package for Social Studies (SPSS, versão 14) foi utilizado para analisar os dados.

Tabela 3.1. Dicionário de dados das variáveis investigadas no estudo

CSTICR	Representa o rácio de alunos por computador na sala de aula, uma variável independente ou de previsão.
LÓIS	Representa a localização dos computadores na escola - laboratórios de informática, centros multimédia e salas de aula.

TEOCUICI Representa a extensão ou o nível de utilização regular de computadores pelos professores para o ensino na sala de aula.

TALOCP Representa o nível de proficiência informática atingido pelos professores no que respeita ao conhecimento e utilização de computadores para a aprendizagem e instrução na sala de aula.

TCAT Representa as atitudes dos professores relativamente à utilização do computador no ensino e na aprendizagem na sala de aula.

TPCV Representa o valor percebido pelos professores da utilização do computador para o ensino na sala de aula.

TRTCH Representa a resistência dos professores à mudança para a utilização de computadores no ensino e aprendizagem na sala de aula.

Foram efectuadas análises de correlação inter-itens para cada um dos quatro construtos multi-itens, a fim de garantir a fiabilidade do instrumento. Os resultados foram depois examinados para garantir que as médias obtidas se encontravam dentro do intervalo dos valores esperados (1 a 4) e que não havia variâncias anormalmente grandes. A média de cada uma das variáveis de construção situou-se dentro do intervalo de valores esperado. Os resultados das correlações revelaram correlações inter-itens elevadas, iguais ou superiores a 0,70, para todos os itens, exceto para os itens LOCIS 1 a 4, TPCV 5, TCAT 4, TRTCH 1 e TRTCH 2. Embora estes itens tenham apresentado correlações inter-itens corrigidas inferiores a 0,7, apenas os itens LOCIS 3 e 4 apresentaram correlações inferiores a 0,40. Neste estudo, as correlações iguais ou superiores a 0,40 foram consideradas elevadas, enquanto as inferiores a 0,40 foram consideradas moderadas a baixas (Green & Salkind, 2003).

A elevada correlação inter-itens e as correlações entre as variáveis indicam que os itens medem a mesma coisa. O coeficiente de fiabilidade global do instrumento ou o alfa de Cronbach obtido foi de 0,84. Um alfa de Cronbach elevado indica que o conjunto dos itens analisados mede um único constructo latente unidirecional (Dennis, Hinkle, Wiersma, Stephen, & Jurs, 2003; Tabachnick & Fidell, 1993). O alfa de Cronbach é a medida apropriada a utilizar porque é uma medida adequada da fiabilidade dos itens da escala de Likert (Gay & Airasian, 2003).

Correlações inter-itens elevadas implicam que o coeficiente de Cronbach também será elevado, e o inverso é verdadeiro. Se as correlações inter-itens forem elevadas, então é evidente que os itens estão a medir o mesmo constructo subjacente. As correlações inter-itens e o alfa de Cronbach elevados obtidos neste estudo-piloto sugerem que os itens medem um único constructo latente unidirecional e que o instrumento é fiável.

Para além das análises de fiabilidade e validade, a pilotagem do instrumento permitiu ao investigador avaliar o tempo médio mínimo de que um participante necessita para preencher o questionário. Também ajudou a determinar qualquer multicolinearidade entre as variáveis investigadas no estudo, bem como a estimar a taxa de retorno. Com base nos resultados do estudo-piloto, o tempo médio de preenchimento do questionário foi de cerca de 10 a 15 minutos.

A taxa de retorno para este estudo-piloto foi de 18%. A baixa taxa de retorno deveu-se muito provavelmente ao facto de o Athens City School District ter concedido a autorização duas semanas antes de as escolas fecharem para o fim do ano letivo de 2006, altura em que os professores estavam ocupados a preparar os seus alunos para os exames antes de as escolas fecharem para as férias de verão. Por esta mesma razão, não foi possível ao investigador acompanhar os não respondentes devido ao encerramento das escolas. O estudo-piloto forneceu informações úteis para melhorar o instrumento. Com o instrumento pronto, o passo seguinte foi desenvolver um plano de amostragem.

Quadro de amostragem

Após o estudo-piloto, foi construída a base de amostragem para o estudo. O Departamento de Educação do Ohio (ODE) não mantém um registo de base de dados de todos os professores das escolas públicas do estado. Se estivesse disponível, esse registo teria proporcionado uma base de amostragem ideal para a seleção aleatória dos participantes. Para ultrapassar este problema, o investigador contactou o ODE para obter informações sobre o sistema de ensino público do Ohio. O sítio Web do ODE e o Ohio Educational Diretory (OED) para o ano letivo de 2005-2006 foram as duas fontes recomendadas pelo funcionário do ODE. O investigador obteve uma cópia do OED para os anos fiscais de 2005-2006. O diretório e o sítio Web do ODE (http://www.ode.state.oh.us) forneceram as informações necessárias para a construção da base de amostragem. No Ohio, existem nove distritos escolares categorizados por oito indicadores socioeconómicos, de localização geográfica e administrativos desenvolvidos pelo Estado (ver Quadro 3.2).

Com base nestes indicadores pré-determinados pelo Estado, existem nove grupos estratificados ou categorias de distritos escolares no Ohio, numerados de 0 a 8, como mostra a Tabela 3.2. Para além desta classificação, os distritos escolares das categorias 0 e 8 têm caraterísticas especiais adicionais. A categoria 0 é constituída por distritos escolares extremamente pequenos e geograficamente isolados do resto do estado, como Kelly's Island e College Corner, distritos escolares com uma população pequena e esparsa, uma população estudantil muito pequena, uma pobreza elevada e uma população adulta menos instruída (Departamento de Educação do Ohio, 2005).

Table 3.2. Indicadores socioeconómicos utilizados para classificar as escolas públicas no Ohio

Não.	Indicador
1.	% da mão de obra - Administrativa/Profissional (censo de 2000)
2.	Rendimento médio dos distritos no ano fiscal de 2002 (Departamento de Impostos)
3.	% da população adulta com diploma universitário ou mais (censo de 2000)
4.	Densidade populacional (População 2000 por milha quadrada)
5.	Total Manutenção diária média (ADM) AF2004 (EMIS)
6.	Percentagem de pobreza (os dados do AF2004 utilizaram cálculos da DPIA)
7.	Valor da avaliação agrícola em percentagem da agricultura residencial (AF2004)
8.	ADM de minorias em percentagem da ADM total (EMIS do AF2004).

Fonte: Sítio Web do Departamento de Educação do Ohio (http://www.ode.state.oh.us).

Nota: Estes factores socioeconómicos são construídos pelo Estado e utilizados para classificar e descrever os distritos escolares no Ohio.

De acordo com as informações do sítio Web do ODE, o distrito escolar local de North Bass ainda não tem uma escola secundária. Os distritos escolares de College Corner, Put-In-Bay e Kelly's Island têm um liceu cada um, mas têm uma população estudantil muito pequena no liceu, com apenas 73 alunos e 23 professores no total.

Table 3.3. Tipologia dos distritos escolares nos sistemas escolares públicos do Ohio

Código tipológicoDescrição das caraterísticas do distrito

0. Distritos escolares de Kelly's Island LSD, North Bass Island LSD, Middle Bass Island LSD, Put-in-Bay Island LSD e College Corner

1. Rural/Agrícola - elevada pobreza, baixo rendimento mediano

2. Rural/Agrícola - pequena população estudantil, baixa pobreza, rendimento mediano baixo a moderado

3. Rural/pequena cidade-rendimento mediano moderado a elevado

4. Urbano - rendimento mediano baixo, pobreza elevada

5. Grande Urbano - pobreza muito elevada

6. Urbano/suburbano-rendimento mediano elevado

7. Urbano/Suburbano - rendimento médio muito elevado, pobreza muito baixa

8. Distritos escolares profissionais conjuntos (JVSD)

Fonte: Sítio Web do Departamento de Educação do Ohio: http://www.ode.state.oh.us

A categoria 8 incluía todos os Distritos de Escolas Profissionais Comuns (JVSD).

O objetivo das escolas profissionais mistas é preparar os alunos para o mercado de trabalho.

Os alunos estudam ofícios ou vocações específicas do seu interesse e procuram emprego após a graduação ou a conclusão com êxito da sua formação. As escolas profissionais diferem das escolas secundárias tradicionais, que oferecem um ensino geral e preparam os alunos para o ensino superior. Neste estudo, o liceu tradicional é um estabelecimento de ensino que alberga os níveis de 9 a 12 anos académicos, sendo o 9th o nível mais baixo e o 12th o nível mais elevado. As escolas vocacionais ou técnicas, as escolas de liberdade condicional e correcional, as escolas de artes performativas, as escolas secundárias comunitárias e as academias foram excluídas da amostra porque também não correspondiam à definição de escola secundária tradicional ou típica.

A base de amostragem para este estudo foi o sítio Web do ODE e o OED. O ODE define uma escola secundária como um estabelecimento que alberga entre 6 e 12 anos de escolaridade, sendo o 6th ano o nível mais baixo e o 12th ano o nível mais elevado (OED, 2006). De acordo com esta definição, existem 1 312 escolas públicas no Ohio classificadas como escolas secundárias (escolas com 6th a 12th anos). No entanto, para este estudo, uma *escola secundária* foi definida como um estabelecimento de ensino que tem entre 9 e 12 anos de escolaridade, sendo o 9th ano o nível mais baixo e o 12th o nível mais elevado. Com base nesta definição, foram identificadas 566 escolas como possíveis participantes no estudo. Estas escolas foram depois agrupadas de acordo com as suas categorias tipológicas (0 -7), constituindo uma base de amostragem estratificada, apresentada no Quadro 3.4.

Tabela 3.4. Distritos escolares estratificados e escolas secundárias públicas no Ohio

Tipológico Categorias	N.º de escolas Distritos	N.º de seniores Escolas secundárias
0	1	1
1	73	75
2	120	120
3	67	68
4	85	85
5	13	62
6	98	107
7	44	48
Total	501	566

Seleção de amostras

O processo de seleção da amostra para este estudo enfrentou uma série de desafios. Em primeiro lugar, a seleção aleatória direta dos participantes das escolas secundárias selecionadas pelo investigador era impossível. Em segundo lugar, o investigador não estava em posição de pré-determinar o número de diretores de escolas que permitiriam que as suas escolas participassem no estudo. Em terceiro lugar, a predeterminação prévia do número de professores que estariam dispostos a preencher e devolver o questionário

Os questionários não foram possíveis. As escolas foram ordenadas alfabeticamente por categorias tipológicas, por distrito escolar e, de cada categoria (exceto a categoria 0, que apenas tem uma única escola secundária qualificada), foram selecionadas aleatoriamente 10% das escolas secundárias. A única escola da categoria 0 foi incluída na amostra. A amostra representativa final, selecionada aleatoriamente a nível estadual, incluía 59 escolas secundárias, como mostra o Quadro 3.5.

Tabela 3.5. Dez por cento estratificados de escolas secundárias públicas selecionadas aleatoriamente

Tipológico Categorias	Secundário sénior Escolas	Secundário sénior Escolas selecionadas
0	1	1
1	75	8
2	120	12
3	68	7
4	85	9
5	62	6
6	107	11
7	48	5
Total	566	59

O principal objetivo do estudo era determinar a extensão da utilização de computadores pelos professores no ensino nas escolas públicas do Ohio e os factores que predizem essa utilização. Os factores de previsão foram determinados através de uma análise de regressão linear múltipla. A hipótese nula (H_0) afirma que não existe qualquer relação entre a localização dos computadores na escola (LOCIS), o rácio aluno/computador na sala de aula (CSTICR), o nível de proficiência informática atingido pelos professores (TALOCP), o valor percebido pelos professores dos computadores no ensino na sala de aula (TPCV), as atitudes dos professores em relação à utilização dos computadores no ensino na sala de aula (TCAT), a resistência dos professores à mudança (TRTCH) e o grau de utilização dos computadores no ensino na sala de aula (TEOCUICI) nas escolas secundárias públicas do Ohio. Como uma equação, a hipótese é expressa como:

$$H_0: \hat{Y}_{TEOCUICI} \neq b_1CSTICR \neq b_2TALOCP \neq b_3TPCV \neq b_4TCAT \neq b_5LOCIS \neq b_6TRTCH \neq 0.$$

A hipótese alternativa (HA) afirma que não existe qualquer relação entre a localização dos computadores na escola (LOCIS), o rácio aluno/computador de instrução na sala de aula (CSTICR), o nível de proficiência informática atingido pelos professores (TALOCP), o valor percebido pelos professores dos computadores no ensino na sala de aula (TPCV), as atitudes dos professores em relação à utilização dos computadores no ensino na sala de aula (TCAT), a resistência dos professores à mudança (TRTCH) e a extensão da utilização dos computadores no ensino na sala de aula (TEOCUICI) nas escolas secundárias públicas do Ohio. Como uma equação, a hipótese é expressa como:

$$H_1: \hat{Y}_{TEOCUICI} = b_1CSTICR = b_2TALOCP = b_3TPCV = b_4TCAT = b_5LOCIS = b_6TRTCH = 0$$

Resumo

Este capítulo centrou-se na metodologia de investigação, descrevendo em pormenor todas as abordagens e medidas necessárias para melhorar a validade global dos resultados do estudo. Uma vez que a validade do estudo depende da conceção, da dimensão da amostra, da seleção da amostra, da fiabilidade e da validade do instrumento, estes aspectos abrangentes da metodologia são fundamentais. A fiabilidade e a validade do instrumento foram reforçadas através de métodos formais e informais. O método informal envolveu a incorporação de sugestões de peritos na área que concordaram em rever os instrumentos. O método formal implicou análises da fiabilidade dos itens e da fiabilidade de múltiplos constructos. Os métodos de análise do poder da validade cruzada são outras salvaguardas incorporadas na metodologia de investigação para melhorar a fiabilidade do modelo de previsão. Outras salvaguardas incluíram a introdução correta de dados e procedimentos de análise de dados, tudo num esforço para obter resultados fiáveis.

CAPÍTULO 4: RECOLHA E ANÁLISE DE DADOS

Resumo do capítulo

Este capítulo descreve o processo de recolha de dados, o tratamento dos dados e a análise dos dados empíricos com vista a atingir os objectivos do estudo. A análise dos dados incidiu principalmente na análise descritiva das variáveis do estudo e na análise estatística empírica. Os métodos de análise utilizados foram selecionados com base na natureza das questões de investigação. Especificamente, a análise descritiva abordou as respostas dos professores à pergunta aberta, enquanto os métodos estatísticos de tabulação cruzada e regressão múltipla foram utilizados para abordar as outras perguntas.

Objetivo do estudo

O objetivo deste estudo era examinar os factores de previsão do grau de utilização de computadores pelos professores no ensino na sala de aula, os principais factores que os professores consideram como principais obstáculos à sua integração de computadores no ensino e na aprendizagem na sala de aula e determinar em que medida os professores das escolas secundárias públicas do Ohio utilizam computadores no ensino na sala de aula. Muitos factores, incluindo o próprio acesso à tecnologia, influenciam uma integração significativa e sustentada dos computadores no ensino na sala de aula por parte dos professores. Como a despesa nacional em tecnologia informática nas escolas públicas dos Estados Unidos aumentou substancialmente, estimada em 5,2 mil milhões de dólares por ano (Reeds, Roberts, Lunsford, Strassberg, Becker, Mann, & Shakeshaft, 2001), a disponibilidade de computadores e da Internet nas escolas públicas tem vindo a aumentar. O acesso a computadores nas escolas públicas melhorou drasticamente, como mostra a descida do rácio médio nacional de alunos por computadores de instrução de alta velocidade de 6,6:1 em 2000 para 3,7:1 em 2006 (Education Week: Technology Counts, 2007). No Ohio, o rácio médio de alunos por computador de instrução ligado à Internet de alta velocidade melhorou de 10:1 em 2002 (eTech Ohio, 2003) para 3,4:1 em 2006 (Education Week: Technology Counts, 2007). À medida que a disponibilidade de computadores nas escolas aumentou, também aumentou o interesse pela extensão e objetivo da utilização da tecnologia (Hogarty, Lang, & Kromrey, 2003). Faltam informações sobre o grau de utilização dos computadores pelos professores nas aulas das escolas públicas de Ohio. Por conseguinte, este estudo tem por objetivo contribuir para a literatura sobre o grau de utilização da tecnologia informática no ensino nas escolas públicas do Ohio.

Foram consideradas três questões de investigação neste estudo. Em primeiro lugar, em que medida é que os professores das escolas secundárias públicas do Ohio utilizam regularmente os computadores nas suas aulas? (Entende-se por regularidade quando os professores utilizam os computadores pelo menos três a quatro vezes por semana ou diariamente para o ensino na sala de aula). Em segundo lugar, será que a localização dos computadores nas escolas (LOCIS), o rácio aluno/computador de instrução (CSTICR), o nível de proficiência em tecnologias informáticas atingido pelos professores (TALOCP) e as atitudes dos professores (TCAT) em relação à utilização de computadores no ensino, a perceção do valor dos computadores no ensino (TPCV) e a resistência à mudança (TRTCH) prevêem a extensão da utilização de computadores pelos professores no ensino nas escolas secundárias públicas do Ohio? Em terceiro lugar, o que é que os professores das escolas secundárias públicas do Ohio consideram ser os principais obstáculos à utilização regular da tecnologia informática no ensino na sala de aula?

Processo de recolha de dados

Autorização de entrada no domínio da investigação

O acesso ao campo de investigação e a conquista da confiança e cooperação dos diretores das escolas foi fundamental para este estudo. Igualmente importante foi o método de comunicação para chegar às pessoas com autoridade no terreno - neste caso, os diretores das escolas. Dada a lentidão do correio convencional e a fraca taxa de resposta dos diretores das escolas, os telefonemas diretos aos diretores das escolas foram o método escolhido pelo investigador para contactar os diretores das escolas selecionadas, a fim de pedir a sua autorização para realizar a investigação nas suas escolas.

O investigador começou a telefonar aos diretores das 59 escolas selecionadas aleatoriamente em 28 de abril de 2007. O processo de pedido de autorização prolongou-se por três semanas. Todos os dias, os telefonemas foram feitos de forma sistemática, seguindo uma ordem alfabética das 59 escolas selecionadas. Para garantir que cada escola tivesse uma oportunidade justa durante o processo de procura de autorização, foi seguido o mesmo procedimento de cada vez.

Sempre que um diretor atendia o telefone, o investigador apresentava-se, explicava brevemente o objetivo do estudo e os possíveis benefícios do estudo para a escola participante e pedia autorização ao diretor para realizar o estudo na escola. Alguns diretores foram receptivos e concederam a autorização de bom grado; outros recusaram-na de imediato. Alguns queriam a autorização dos superintendentes dos respectivos distritos antes de o estudo poder prosseguir nas suas escolas. Para os diretores de escola que pediram autorização aos superintendentes não foi pedida autorização, porque durante o estudo-piloto a obtenção dessa autorização foi um processo lento e moroso. Além disso, o tempo era essencial, uma vez que as escolas deviam fechar em junho para o fim do ano letivo.

Distribuição dos questionários

No final de cada dia de telefonemas, o investigador preparou e enviou por correio os pacotes de investigação para as escolas para as quais tinha sido concedida autorização. Um pacote de investigação para uma escola consistia na carta ao diretor da escola e em pacotes para todos os professores do liceu. O número de pacotes de investigação enviados para cada escola dependia do número total de professores da escola. A carta continha instruções para a distribuição dos questionários nas caixas de correio de todos os professores da escola e agradecia aos diretores da escola a sua cooperação e participação no estudo. O pacote de investigação enviado a cada professor era constituído pelo questionário (Anexo B), pelo formulário de consentimento e por um envelope selado e endereçado para devolução do questionário preenchido ao investigador.

Foi utilizado um método de codificação sistemático em que a cada questionário foi atribuído um código único para facilitar a identificação e o rastreio. O mesmo código foi colocado no envelope de devolução, com o mesmo objetivo. O código era composto por um número numérico, que representa a categoria em que a escola foi classificada no estado, o nome da escola (abreviado) e um número de contagem numérica do questionário. Por exemplo, o código 2MTVERHS20 representa um questionário enviado à escola secundária de Mt. Vernon, uma escola de categoria 2, e o questionário era o número 20. Os questionários de cada escola foram numerados de um até ao último número, que dependia do número total de professores que leccionavam atualmente na escola.

Assim que um pacote de investigação foi enviado para uma escola, o investigador enviou um e-mail ao diretor da escola, agradecendo-lhe por ter permitido que o investigador realizasse um inquérito aos professores da sua escola e informando-o de que o pacote de investigação já estava a caminho. Este procedimento foi aplicado a todas as 18 escolas para as quais foi obtida autorização.

O processo de recolha de dados foi lento e fastidioso, porque, na maioria das vezes, os diretores não estavam no gabinete ou não atendiam a chamada na altura. Quando um diretor não estava no gabinete à hora do telefonema, o investigador procurava falar com o diretor-adjunto. Se o diretor-adjunto não estivesse disponível, o investigador deixava uma mensagem no correio de voz do diretor. Além disso, foi enviada aos diretores uma mensagem eletrónica de acompanhamento, descrevendo sucintamente o objetivo do estudo, a forma como as escolas foram selecionadas e os possíveis benefícios do estudo para as escolas participantes.

No final do processo de procura de autorização, foram feitos pelo menos três telefonemas e enviados pelo menos dois e-mails para os diretores das escolas das quais nunca foi obtida autorização. Embora a primeira fase do processo de recolha de dados (procura de autorização) tenha durado três semanas, os dados

O processo de recolha de dados durou mais tempo, tendo os últimos pacotes de investigação sido enviados a 28 de maio de 2007. Os questionários devolvidos continuaram a chegar até à segunda semana de junho, altura em que o processo de recolha de dados terminou. De um modo geral, o processo de recolha de dados foi concluído em seis semanas.

Questionários devolvidos

Das 59 escolas secundárias selecionadas aleatoriamente, 18 aceitaram participar no estudo. Não foi obtida autorização de nenhuma das escolas secundárias selecionadas aleatoriamente nas categorias 0 e 5. A dificuldade que o investigador enfrentou com as escolas destas categorias foi que, para a categoria 0, havia apenas uma escola secundária no distrito, que não podia ser contactada na altura devido a uma má linha telefónica.

Havia mais escolas secundárias na categoria 5, entre as quais poderiam ter sido selecionadas mais escolas secundárias, mas já não havia tempo antes de as escolas fecharem para as férias de verão. O investigador tinha planeado enviar por correio 1.000 questionários, tal como descrito no Capítulo 3. No entanto, as 18 escolas participantes tinham 958 professores a quem foram enviados questionários. Dos 958 questionários enviados por correio, apenas 294 foram devolvidos, como mostra a Tabela 4.1.

Tabela 4.1. Escolas secundárias públicas do Ohio selecionadas aleatoriamente e os inquiridos

Tipológico	N.º de escolas	N.º de escolas		N.º de inquéritos
Categoria	Selecionado	Inquirido	Enviado	Devolvido
0	1	0	0	0
1	8	3	99	19
2	12	4	169	71
3	7	2	94	32
4	9	3	157	48
5	6	0	0	0
6	11	4	304	105
7	5	2	135	19
Total	59	18	958	294

Nota: *A categoria 0 tem apenas uma escola secundária, que não pôde ser contactada devido a más linhas telefónicas. Por conseguinte, não havia outras escolas para escolher nesta categoria.* Para a categoria 5, os diretores das escolas selecionadas não concederam autorização e não havia tempo suficiente para escolher outras escolas porque as escolas estavam a fechar para as férias de verão.

Processamento de dados

Análise de dados

A triagem dos dados é um processo importante numa investigação deste tipo, porque ajuda a eliminar erros que, se não forem identificados e rectificados, podem arruinar uma investigação que, de outra forma, seria boa. Quando o processo de recolha de dados terminou, o investigador iniciou o processo de seleção de dados. O investigador examinou metodicamente cada um dos 294 questionários devolvidos, a fim de encontrar e eliminar quaisquer questionários que não satisfizessem os critérios deste estudo. Durante o processo de seleção, foi determinado que 14 questionários foram devolvidos em branco e outros 24 foram preenchidos e devolvidos por professores não discricionários. Os dados dos professores não discricionários foram excluídos da análise porque o foco do estudo era a utilização de computadores em escolas secundárias públicas do Ohio por professores discricionários. Os professores de informática e de tecnologia empresarial têm desproporcionadamente mais computadores nas suas salas de aula do que os seus homólogos que ensinam as disciplinas tradicionais, e a sua utilização de computadores não é discricionária (Norris, et al., 2003). A taxa global de retorno para este estudo foi de 31%, mas 4,5% dos questionários foram inutilizados, dando uma taxa de retorno final de 27% para o tamanho final da amostra de 256 questionários válidos utilizados nas análises.

Codificação de dados

Os registos selecionados foram depois cuidadosamente codificados, utilizando a abordagem de codificação sistemática única anteriormente referida. Do mesmo modo, cada registo foi cuidadosamente codificado com base na estrutura de cada item do questionário de investigação (Anexo B). Os itens 1-7 não eram itens de Likert, e alguns desses itens têm níveis, enquanto outros não. Por exemplo, os itens 1, 3, 4 e 5 têm níveis, enquanto os itens 2, 6 e 7 não têm.

O item 1 do questionário referia-se ao nível de ensino mais elevado atingido por um professor. Foi codificado como EDLEVEL, sendo os níveis 1 = licenciatura, 2 = mestrado, 3 = mestrado + 30 anos de serviço e 4 = doutoramento. O item 2 referia-se ao número de anos de serviço docente, codificado YRSERV. O item 3 referia-se ao(s) nível(is) de ensino que o professor leccionava no ano letivo em que o estudo foi realizado. Foi codificado como GRDTGHT, sendo os níveis 1=9º ano, 2=10º ano, 3=11º ano, 4=12º ano e 5=9º-12º ano. O item 4 refere-se às disciplinas que o professor leccionou durante o ano letivo em que o estudo foi realizado. Foi codificado como SUBTGHT com os níveis 1=Inglês, 2=Matemática, 3=Ciências, 4=Estudos Sociais, 5= Disciplina de Inclusão (todas as quatro disciplinas tradicionais), 6=Artes Industriais - construção, madeira e metalomecânica, 7=Arte, 8=Ciências Agrícolas, 9=Educação

Física, 10=Música, 11=Francês, 12=Espanhol, 13=Grego, 14=Alemão, 15=Educação Especial e 16=Orientação e Aconselhamento.

O item 5 refere-se ao género do participante, codificado como GÉNERO, sendo 1=masculino e 2=feminino. O item 6, codificado como No_STUDS, dizia respeito ao tamanho da turma ou ao número de alunos na turma, enquanto o item 7 se refere: (a) ao número de computadores na sala de aula, (b) ao número de computadores no laboratório de informática e (c) ao número de computadores na sala de aula ligados à Internet, todos eles CLCOMPS, LABCOMPS e COMWINT, respetivamente.

Os itens 8 a 25 são itens da escala de Likert, todos eles com escalas de resposta métricas em que 1=Discordo fortemente (SD), 2=Discordo (D), 3=Concordo (A) e 4=Concordo fortemente (SA). Com exceção dos oito itens (12, 16, 17, 18, 19, 20, 21 e 22) que foram formulados de forma negativa, todos os itens de Likert do instrumento são formulados de forma positiva. As pontuações elevadas dos itens representam um valor elevado dos constructos subjacentes e as pontuações baixas representam valores baixos dos constructos medidos. O item 26 referia-se aos métodos de formação através dos quais os professores adquiriam as suas competências informáticas e a proficiência informática resultante. Os métodos utilizados para o CTPD são workshops, seminários e, atualmente, opções em linha, formação de pares, esforço pessoal ou auto-formação e formação universitária. Os

Foi pedido aos professores que indicassem em que medida cada um dos métodos acima referidos os preparava para utilizar a tecnologia informática no ensino na sala de aula. Cada método foi codificado em quatro níveis e pontuado da seguinte forma: 1=Não preparado, 2=Minimamente preparado, 3=Preparado, e 4=Muito preparado.

O item 27 aborda as auto-percepções dos professores sobre o grau de preparação para usar computadores no ensino na sala de aula e pede aos participantes que classifiquem os seus níveis percebidos de preparação para o uso de computadores numa escala que foi pontuada da seguinte forma: 1=Não preparado, 2=Minimamente preparado, 3=Preparado, e 4=Muito preparado. No item 28, foi pedido a cada participante que classificasse a sua capacidade ou proficiência na utilização de computadores para o ensino na sala de aula. Os níveis de resposta foram pontuados da seguinte forma: 1=Não utilizador, 2=Novato, 3=Intermédio e 4=Praticante.

Os itens 29 a 32 avaliaram o grau de utilização dos computadores pelos professores para fins didácticos e não didácticos. Estes itens foram pontuados da seguinte forma: 1=Nunca, 2=Uma a duas vezes por semana, 3=Três a quatro vezes por semana e 4=Diariamente. Neste estudo, a utilização regular de computadores três a quatro vezes por semana ou diariamente foi o nível de utilização de computadores que pode ter um impacto positivo nos resultados académicos do aluno. Após a codificação, os dados foram introduzidos num ficheiro de conjunto de dados utilizando o Statistical Package for Social Sciences (SPSS, versão 15.0). A abordagem de codificação única utilizada neste estudo reduziu efetivamente os erros de introdução de dados. Em seguida, o ficheiro de conjunto de dados foi impresso e cada registo foi verificado quanto a dados em falta ou valores mal introduzidos. Depois de se verificar que não havia erros no conjunto de dados, os dados estavam prontos para análise.

Análise de dados

Análises preliminares do constructo

As seis variáveis que se supunha serem preditoras do grau de utilização da tecnologia informática pelos professores no ensino na sala de aula eram as seguintes: rácio aluno/computador de instrução na sala de aula (CSTICR); nível de proficiência em tecnologia informática atingido pelos professores (TALOCP); atitude dos professores em relação à utilização do computador no ensino na sala de aula (TCAT); valor percebido pelos professores do computador no ensino ou na aprendizagem na sala de aula (TPCV); resistência à mudança (TRTCH); e localização dos computadores na escola (LOCIS). Quatro das seis variáveis (TCAT, TPCV, TRTCH e LOCIS) são variáveis de construção medidas por 18 itens da escala de Likert numerados de 8 a 25 no instrumento ou questionário (Anexo B). Individualmente, os itens 8 a 12 medem o constructo TPCV; os itens 13 a 16 medem o TCAT; os itens 17 a 21 medem o TRTCH; e os itens 22 a 25 medem o constructo LOCIS.

Análise preliminar da fiabilidade dos itens

Antes de efetuar as análises de fiabilidade dos itens, os oito itens com frases negativas (itens 12, 16, 17, 18, 19, 20, 21 e 22) foram primeiro classificados de forma inversa, de modo a que os valores elevados destes itens representem pontuações elevadas para os constructos subjacentes que medem. Os 18 termos foram codificados em conformidade.

Por exemplo, os itens relativos à perceção do valor do computador pelos professores para o ensino na sala de aula (TPCV) foram codificados como TPCV1, TPCV2, TPCV3, TPCV4 e TPCV5. Os itens TCAT1, TCAT2, TCAT3 e TCAT4 referiam-se à atitude dos professores relativamente à utilização do computador no ensino na sala de aula (TCAT). Para a resistência dos professores à mudança (TRTCH), os itens foram codificados como TRTCH1, TRTCH2, TRTCH3, TRTCH4 e TRTCH5, enquanto para a localização dos computadores na escola (LOCIS), os itens foram codificados como LOCIS1, LOCIS2, LOCIS3 e LOCIS4. Como recomendam Leech, Barrett e Morgan (2005) e Green e Salkind (2003), foram geradas estatísticas descritivas, estimativas de fiabilidade e correlações bivariadas, que foram depois examinadas para detetar eventuais erros e outras anomalias nos dados.

Foram efectuadas análises de fiabilidade da consistência interna para verificar a fiabilidade de cada item para um único constructo. Os resultados (Apêndice E) revelaram correlações item-total corrigidas moderadas a elevadas (.40 ou mais) para os itens que medem o valor percebido do computador (TPCV), exceto para o item TPCV1 que diz "a utilização do computador no ensino na sala de aula equipa os alunos com as competências necessárias para terem sucesso na era da informação" (r=.337). Este facto foi surpreendente, uma vez que a afirmação é fundamental para a transferência de competências informáticas consideradas necessárias para o sucesso na era da informação. O coeficiente de fiabilidade ou alfa de Cronbach para esta medida foi de 0,70.

Relativamente à variável atitude dos professores em relação à utilização de computadores no ensino na sala de aula (TCAT), dois itens apresentaram correlações item-total corrigidas superiores a 0,40, mas os outros dois apresentaram correlações inferiores a 0,40. Os dois itens com correlações item-total corrigidas baixas foram o TCAT1, que diz: "Os professores devem utilizar diariamente os computadores no seu ensino na sala de aula" (r = 0,395), enquanto o TCAT4 diz: "Tenho relutância em utilizar os computadores no ensino na sala de aula porque os computadores tornam o meu trabalho de ensino mais difícil" (r = 0,325). No entanto, o coeficiente de fiabilidade ou alfa de Cronbach obtido para esta variável foi de 0,70.

No que se refere à resistência à mudança, todos os itens desta variável apresentaram correlações item-total elevadas, iguais ou superiores a 0,5, exceto o item TRTCH5, que diz: "quando procuro novos materiais e métodos de ensino, procuro frequentemente os que exigem poucas alterações" (r = 0,346). O alfa de Cronbach para esta variável foi de 0,75. A localização dos computadores na escola (LOCIS) foi a variável com o alfa de Cronbach global mais baixo (.429). O alfa de Cronbach para todas as variáveis

estão resumidos no Quadro 4.2.

Tabela 4.2. Magnitudes Alfa globais para as medidas de constructo

Medida	Alfa de Cronbach (α)
TRTCH	.75
TCAT	.70
TPCV	.70
LÓIS	.43

Análise de fiabilidade de construtos múltiplos

As análises de fiabilidade de múltiplos construtos realizadas destinavam-se a determinar o alfa de Cronbach global para avaliar a medida unidirecional do grau de utilização de computadores pelos professores no ensino na sala de aula (Anexo E). O objetivo destas análises era avaliar até que ponto os itens, no seu conjunto, medem a dimensão global - o grau de utilização de computadores pelos professores no ensino na sala de aula nas escolas secundárias públicas do Ohio. Como se mostra no Apêndice E, a maioria dos itens tinha correlações item-total corrigidas moderadas a elevadas ($\geq$ .40), exceto cinco itens. Os cinco itens eram TPCV1(r =.331), TRTCH5(r =.333), LOCIS1 (r =.119), LOCIS2 (r =.012), e LOCIS4 (r =.124).

Embora estes itens tenham tido correlações baixas, cada um dos constructos teve um alfa de Cronbach elevado, exceto o LOCIS, que teve um coeficiente alfa de 0,40, como mostra o Quadro 4.2. Além disso, o alfa de Cronbach global foi de 0,814, o que é considerado elevado. O elevado coeficiente de fiabilidade indica que as medidas deste questionário formam uma escala que tem uma fiabilidade razoável em termos de consistência interna. Os cinco itens com correlações item-total corrigidas inferiores a 0,40 não foram eliminados do instrumento por duas razões. Em primeiro lugar, a eliminação destes itens apenas aumentaria o valor global do coeficiente alfa em 2%, o que é um aumento mínimo. Em segundo lugar, os itens tinham uma boa adequação concetual ao conceito geral do estudo. Como o coeficiente de fiabilidade para cada uma das quatro medidas de construção, bem como o alfa de Cronbach global, eram elevados, os itens do instrumento eram fiáveis e mediam a construção subjacente que os itens foram concebidos para medir. Green e Salkind (2003) alertam para o facto de que, se for utilizada a mesma amostra para calcular as correlações item-total corrigidas e o coeficiente alfa, o alfa de Cronbach elevado pode ser uma sobrestimação do coeficiente alfa da população.

Validades convergente e discriminante

Foi difícil selecionar os itens adequados para o estudo com base na análise da correlação total corrigida dos itens apresentada no Apêndice E.

Para além das baixas correlações totais corrigidas dos itens, as correlações positivas entre itens e as correlações totais corrigidas dos itens medem tanto o construto relevante como os factores irrelevantes partilhados pelos outros itens (Green & Salkind, 2003; Leech, Barrett, & Morgan, 2005). Green e Salkind recomendam análises de validade convergente e discriminante dos itens que medem um constructo. Para resolver este dilema, foram obtidas as validades convergente e discriminante para todos os itens de cada variável ou constructo, calculando as correlações entre os seus próprios itens e a pontuação total dessa medida (Tabela 4.3). Os resultados mostraram que cada item tinha uma validade convergente elevada, uma indicação de que os itens eram uma boa medida de cada constructo e, em última análise, da variável dependente.

Tabela 4.3. Comparação das escalas de constructo com itens focais removidos (negrito)

Valor do computador percebido pelos professores (TPCV) Correlação entre os itens do construto

Número do elemento Construir do elementoTPCV	declaração	TCAT	TRTCH	LÓIS
TPCV1 A utilização do computador na sala de aula dá aos alunos as competências necessárias para serem bem sucedidos na era da informação	**.584**	.272	.215	.149
TPCV2 As minhas práticas de ensino dependem cada vez mais da utilização do computador na	.481	.468	.083	

aprendizagem nas aulas	**.730**			
TPCV3 A utilização de computadores no ensino na sala de aula permite-me ensinar os meus alunos de forma prática e criativa	**.704**	.551	.472	.205
TPCV4 Saber utilizar os computadores no ensino na sala de aula é uma competência obrigatória para todos os professores. **674**		.417	.310	.165
TPCV5 A utilização do computador na aprendizagem em sala de aula não melhora os resultados académicos dos alunos	**.675**	.478	.473	.094

Tabela 4.3. Comparação das escalas de constructo... Continuação

Atitude dos professores em relação ao computador (TCAT)	TPCV	TCAT	TRTCH	LÓIS
TCAT1 Os professores devem utilizar diariamente os computadores nas suas aulas.	.453	**.695**	.334	.172
TCAT2 Gosto de utilizar os computadores para ensinar os meus alunos	.537	**.807**	.410	.222
TCAT3 Gosto de utilizar computadores na sala de aula quando têm o software de que preciso	.433	**.714**	.330	.294
TCAT4 Tenho relutância em utilizar computadores no ensino na sala de aula porque os computadores tornam o meu trabalho de professor mais difícil	.401	**.611**	.605	-.017
Resistência dos professores à mudança (TRTCH)				
TRTCH1 Não utilizo computadores no ensino na sala de aula porque exigem demasiado do meu tempo	.524	.533	**.757**	.016
TRTCH2 A utilização de computadores para o ensino na sala de aula obriga os professores a	.340	.356	**.692**	.065

abandonar métodos de ensino eficazes e comprovados pelo tempo				
TRTCH3 Ensino mais eficazmente sem utilizar computadores	.440	.448	**.753**	.060

Tabela 4.3. Comparação das escalas de constructo... Continuação

	TPCV	TCAT	TRTCH	LÓIS
TRTCH4 Não utilizo computadores em o meu ensino na sala de aula porque são uma distração para os meus alunos	.444	.483	**.760**	.030
TRTCH5 Quando procuro novos materiais e métodos de ensino, procuro frequentemente os que exigem poucas alterações	.296	.264	**.575**	.072
Localização dos computadores na escola (LOCIS)				
LOCIS1 A localização dos computadores na escola não afecta a medida em que utilizo computadores para o ensino na sala de aula	.073	.055	.007	**.632**
LOCIS2 Considero que os computadores localizados num laboratório de informática são menos utilizados do que os localizados na sala de aula-	.032	.002	-.076	**.566**
LOCIS3 O facto de ter computadores disponíveis na minha sala de aula promove a minha utilização diária do computador para o ensino na sala de aula.	.381	.423	.314	**.524**
LOCIS4 A falta de computadores na minha sala de aula impede o meu nível de utilização de computadores para ensinar	.079	.065	-.065	**.702**

As validades convergente e discriminante apresentadas na Tabela 4.3 apoiam a evidência de que os itens de cada variável ou medida estavam mais correlacionados com as suas próprias escalas do que com as escalas das outras variáveis. As elevadas fiabilidade da consistência interna das quatro variáveis sugerem que os itens ou medidas eram consistentes entre si (na medição dessa variável) e que cada medida estava isenta de erros de medição (Leech, et al., 2005). No entanto, existem correlações discriminantes relativamente elevadas entre alguns itens: por exemplo, as correlações entre o TRTCH1 e a pontuação média do TPCV (r =,524), entre o TRTCH1 e a pontuação média do TCAT (r =,533), entre o TCAT2 e a pontuação média do TPCV (r =,537), entre o TPCV5 e a pontuação média do TCAT (r =,551) e entre o TCAT4 e a pontuação média do TRTCH (r =,605). Estas correlações elevadas podem ser uma indicação de alguma multicolinearidade entre estas variáveis. Análises adicionais de colinearidade foram realizadas para investigar se havia alguma colinearidade e discutidas mais adiante neste capítulo.

Variáveis de construção

Foram realizadas análises de fiabilidade, convergentes e discriminantes para determinar se os itens e as variáveis de construção eram medidas fiáveis das variáveis independentes. Os itens individuais que medem cada um dos quatro constructos foram somados para obter o valor desse constructo específico. O nível atingido de proficiência informática refere-se às competências informáticas dos professores adquiridas através de vários métodos de formação - CTPD, formação de pares, auto-formação e formação universitária. Estes métodos permitem que um professor adquira o seu nível atual de competências informáticas ou o seu nível atingido de competência informática (TALOCP). A magnitude da variável TALOCP foi a pontuação média dos valores que os inquiridos atribuíram ao item 27. A variável rácio entre o número de alunos e o número de computadores nas salas de aula para uso dos alunos (item 7a) e o número de alunos nas salas de aula (item 6). Estas variáveis de investigação foram selecionadas com base na revisão da literatura para dar resposta às questões de investigação. Para a variável TEOCUICI, o valor foi calculado como a média do item 30. Análises estatísticas

O principal objetivo deste estudo era determinar em que medida os professores das escolas secundárias públicas do Ohio utilizam regularmente os computadores no ensino e na aprendizagem na sala de aula. As análises incluíram análises estatísticas descritivas e inferenciais dos dados recolhidos. A análise descritiva envolveu dados demográficos, anos de experiência, dimensão da turma, nível de ensino e disciplinas leccionadas.

Estatísticas demográficas e habilitações literárias

A dimensão da amostra para este estudo foi de 256 professores de 18 escolas secundárias públicas selecionadas aleatoriamente no Ohio. Dos 256 participantes, 41% eram homens e 59% eram mulheres de escolas rurais e urbanas de todo o estado. Os inquiridos leccionam um vasto leque de disciplinas académicas e possuem diversas qualificações académicas. No que diz respeito ao nível de habilitações académicas, 26% dos professores têm bacharelato como o nível mais elevado de qualificação académica, 73% dos participantes têm mestrado e 0,4% têm doutoramento (Tabela 4.4). Todos os participantes eram professores certificados como exigido pela lei de Oho.

Tabela 4.4. Números e percentagens de participantes no estudo por níveis de ensino

	Frequência	Percentagem (%)
Bacharelato	67	26.2
Mestrado	134	52.3
Mestrado mais 30	54	21.1
Doutoramento	1	.4
Total	256	100.0

Nota. N = 256. Todos os professores deste estudo são professores licenciados.

Anos de serviço

A análise dos anos de serviço docente revela uma grande variação na longevidade do ensino dos professores das escolas públicas do Ohio representadas na amostra do estudo. O período de experiência de ensino variou entre 1 e 37 anos, com uma média de 16 anos, conforme apresentado na Tabela 4.5.

Tabela 4.5. Números e percentagens de professores por anos de ensino

Período de serviço	Número de professores	Percentagem (%)
≤ 5 anos	46	18
6-10 anos	49	19
11-15 anos	51	20

16-20 anos	28	11
> 20 anos	82	32

Tamanho da turma

O número de alunos na sala de aula para este estudo variou muito, desde 2 alunos numa turma de ensino especial até 60 numa turma de inglês, e o tamanho médio da turma foi de 21. Conhecer o tamanho da turma neste estudo foi importante porque foi um fator chave no cálculo do rácio aluno/computador de instrução na sala de aula.

Nível de ensino e disciplinas leccionadas

Os 256 professores leccionam diferentes níveis nas escolas secundárias, sendo que a maioria dos inquiridos (72%) lecciona vários níveis de ensino (9-12), enquanto 28% indicaram que leccionam um único nível de ensino. Os inquiridos leccionam uma grande variedade de disciplinas nas escolas públicas do Ohio. Como mostra a Tabela 4.6, 68% dos professores ensinam as disciplinas académicas tradicionais, das quais 19,1% ensinam inglês, 20,3% ensinam matemática, 14,1% ensinam ciências e 14,8% ensinam ciências sociais. Curiosamente, 2,7% dos professores leccionam "disciplinas de inclusão" - o que significa que leccionam as quatro disciplinas tradicionais ou nucleares.

Os restantes 27% dos participantes leccionam disciplinas menores, incluindo línguas estrangeiras, música, ciências agrícolas, artes, educação física, educação especial e orientação e aconselhamento. Especificamente, 2% ensinam Artes Industriais, 7,8% ensinam Artes, 0,8% ensinam Ciências Agrícolas, 3,9% ensinam Educação Física (EF) e 3,9% ensinam Música. Como indicado na Tabela 4.6, sete por cento dos professores ensinam línguas estrangeiras, dos quais 2,3% ensinam francês, 3,1% ensinam espanhol, 0,8% ensinam grego, 0,4% ensinam alemão, 2,3% ensinam educação especial e 2,7% ensinam orientação e aconselhamento.

Tabela 4.6. Número de professores e disciplinas leccionadas nas escolas secundárias públicas do Ohio

AssuntoNu	Número de professores	Percentagem
Inglês	48	19.1
Matemática	51	20.3

Ciências	33	14.1
Estudos sociais	38	14.8
Inclusão, todos os sujeitos	4	2.7
Artes Industriais	1	2.0
Arte	20	7.8
Ciências Agrárias	2	.8
Educação Física	10	3.9
Música	7	2.7
francês	6	2.3
espanhol	8	3.1
grego	1	.4
alemão	2	.8
Educação especial	6	2.3
Orientação e Aconselhamento	7	2.7
Total	**256**	**100.0**

Questão de investigação 1

Em que medida é que os professores das escolas secundárias públicas do Ohio utilizam computadores para dar aulas?

É possível compreender melhor o grau de utilização da tecnologia informática pelos professores para o ensino na sala de aula quando a disponibilidade de computadores nas salas de aula e a proficiência informática dos professores são tidas em conta na análise. Os dados usados para a análise foram obtidos dos itens 7a, 28, 29 e 30 do questionário (Apêndice B). O item 7a dizia respeito ao número de computadores disponíveis nas salas de aula para uso dos alunos, enquanto o item 28 abordava os níveis de proficiência em informática dos professores. Os itens 29 e 30 forneciam dados sobre a utilização de computadores no ensino em sala de aula em geral e no ensino de competências académicas específicas aos alunos, respetivamente.

A proficiência informática dos professores foi categorizada em quatro níveis - Não Utilizadores, Novato, Intermédio e Praticante. Foi pedido aos participantes que indicassem os seus níveis de proficiência informática, com base nas afirmações e nas definições de cada um dos níveis de proficiência informática fornecidos. Um não-utilizador é um professor que não tem competências ou proficiência em informática e não utiliza computadores no ensino na sala de aula. A afirmação com a qual o professor concordou ou discordou era a seguinte "Estou ciente da disponibilidade da tecnologia informática na minha escola, mas não a utilizo para o ensino na sala de aula. Ainda estou a aprender o básico". Novato é um professor que tem algumas competências informáticas básicas e utiliza os computadores na sua sala de aula de forma limitada - uma ou duas vezes por semana, no máximo. A afirmação com a qual o professor concordava ou discordava era a seguinte "Tenho alguns conhecimentos básicos de informática e utilizo os computadores para o ensino na sala de aula uma ou duas vezes por semana, no máximo."

Um utilizador intermédio de computadores é um professor competente, que adquiriu competências informáticas adequadas e utiliza regularmente os computadores para o ensino na sala de aula. A afirmação com a qual os participantes concordaram ou discordaram dizia: "Ganhei alguma confiança na utilização de computadores para o ensino na sala de aula e para a realização de tarefas específicas até certo ponto, mas ainda não sou capaz de integrar totalmente os computadores em todas as fases do meu ensino na sala de aula, pelo menos três a quatro vezes por semana." O praticante é um professor que utiliza os computadores diariamente no seu ensino na sala de aula. A afirmação com a qual o professor discordou ou concordou era a seguinte "Estou confiante em utilizar plenamente a tecnologia informática em muitas aplicações para o meu ensino na sala de aula. Até procuro novos softwares para usar no ensino na sala de aula". As respostas dos participantes estão resumidas na Tabela 4.7.

Como mostra a Tabela 4.7, cerca de 83% dos professores eram suficientemente proficientes (24% praticantes versus 59% utilizadores intermédios de computadores) para utilizar eficazmente a tecnologia informática no ensino na sala de aula. Comparativamente,

17% dos participantes indicaram que eram utilizadores de computador minimamente proficientes (3% eram não proficientes e 14% eram principiantes).

Tabela 4.7. Nível de proficiência dos professores em tecnologias informáticas

Proficiência Nível	Número de respostas	Percentagem	Acumulado Percentagem
Não competente	8	3.1	3.1
Novato	36	14.1	17.2
Intermediário	151	59.0	76.2
Profissional	61	23.8	100.0
Total	256	100.0	100.0

Disponibilidade de computadores nas salas de aula dos liceus públicos do Ohio

A integração perfeita dos computadores nos currículos das salas de aula exige o acesso dos alunos a computadores adequados nas salas de aula. Para avaliar a disponibilidade de computadores nas escolas secundárias públicas do Ohio, foi pedido aos participantes que indicassem o número de computadores (item 7a) disponíveis para utilização dos alunos nas suas salas de aula. Como mostra a Tabela 4.8, a disponibilidade de computadores nas salas de aula dos liceus públicos do Ohio é escassa. Quinze por cento dos participantes não tinham computadores nas suas salas de aula, 47% tinham apenas um computador para toda a turma partilhar. Além disso, 27% dos professores tinham dois a quatro computadores nas suas salas de aula, enquanto apenas uma pequena fração (12%) dos participantes tinha cinco ou mais computadores para alunos nas suas salas de aula. No total, 61% dos professores não tinham computadores para uso dos alunos nas suas salas de aula ou tinham apenas um único computador para toda a turma utilizar na aprendizagem em sala de aula.

Tabela 4.8. Acesso dos alunos a computadores em salas de aula de escolas secundárias públicas do Ohio

Número de Sala de aula Computadores	Respostas	Válido Percentagem	Acumulado Percentagem
Nenhum	38	14.8	14.8

1	119	46.5	61.3
2-4	68	26.6	87.9
5-10	15	5.9	93.8
>10	16	6.3	100.0
Total	256	100.1	100.0

Nota: As percentagens válidas podem não corresponder a 100 devido a arredondamentos.

Utilização do computador para ensinar competências de aprendizagem aos alunos

A análise dos dados sobre a utilização da tecnologia informática para o ensino na sala de aula mostrou que cerca de 65% dos participantes nunca ou raramente utilizavam computadores no seu ensino na sala de aula, enquanto 35% utilizavam computadores no seu ensino na sala de aula pelo menos três a quatro vezes por semana ou diariamente (Tabela 4.9). A análise da utilização de computadores para ensinar aos alunos competências académicas específicas, também apresentada na mesma tabela, indica que a grande maioria dos professores (93%) nunca ou raramente utilizava computadores para ensinar aos seus alunos competências analíticas. Apenas 7% dos participantes utilizaram regularmente os computadores para ensinar aos seus alunos as competências académicas. Oitenta e nove por cento dos participantes nunca ou apenas ocasionalmente utilizaram computadores para ensinar aos seus alunos competências de resolução de problemas, enquanto 11% indicaram que utilizavam computadores para ensinar os seus alunos regularmente. Para ensinar aos alunos competências de investigação, 82% dos professores, em comparação com 18%, nunca ou raramente utilizaram computadores para ensinar aos seus alunos competências de investigação. Em média, 88% dos professores nunca ou raramente utilizaram computadores para ensinar aos seus alunos as competências académicas, e apenas 12% dos professores utilizaram computadores para ensinar aos seus alunos as competências numa base regular (Quadro 4.9).

Tabela 4.9. Utilização do computador pelos professores para ensinar competências académicas aos alunos

Utilização	Frequência de utilização do computador para instrução na sala de aula

	Nunca	Um - Dois	Três- Quatro	Diário
		Horas/semana	Horas/semana	
	(%)	(%)	(%)	(%)
Instrução geral	17.6	46.9	16.0	19.5
Análise de dados	52.7	40.2	4.7	2.3
Resolução de problemas	45.3	44.1	5.5	5.1
Investigação	24.6	57.4	10.9	7.0

Nota: As percentagens válidas podem não corresponder a 100 devido a arredondamentos.

Análise da proficiência e da utilização do computador para a aprendizagem

Instrução

A tabulação cruzada do nível de proficiência em informática dos professores com a extensão do uso de computadores para instrução em sala de aula mostrou que 29% dos professores proficientes usavam computadores pelo menos três a quatro vezes por semana ou diariamente de forma regular, em comparação com 44% que nunca ou raramente usavam computadores para instrução em sala de aula. Cerca de 3% dos professores principiantes ou não proficientes utilizavam computadores três a quatro vezes por semana ou diariamente, enquanto 21% nunca ou raramente utilizavam computadores para o ensino na sala de aula.

Quando o nível de competência informática dos professores foi cruzado com a frequência de utilização do computador para ensinar competências analíticas aos alunos, 7% dos professores com competência informática utilizaram regularmente o computador para ensinar competências analíticas aos seus alunos. Comparativamente, 76% dos professores com competência informática nunca ou raramente utilizavam computadores para ensinar competências analíticas aos seus alunos. Nenhum dos professores principiantes e não proficientes em informática utilizou computadores para ensinar as competências regularmente. Cerca de 17% destes professores nunca ou raramente utilizaram computadores para ensinar aos alunos as competências analíticas.

A tabulação cruzada do nível de proficiência informática dos professores com a frequência de utilização do computador para ensinar competências de investigação aos alunos indicou que 17% dos professores com proficiência informática utilizavam computadores para ensinar competências de investigação aos alunos três a quatro vezes por semana ou diariamente. Mais de dois terços (66%) destes professores nunca ou raramente utilizaram computadores para ensinar esta competência aos seus alunos. Do total de 17% dos professores principiantes e não-proficientes, 16% nunca ou raramente utilizaram computadores para ensinar aos alunos competências de investigação e apenas 1% destes professores indicou utilizar computadores para ensinar aos seus alunos competências de investigação três a quatro vezes por semana ou diariamente.

As tabulações cruzadas do nível de proficiência informática dos professores e da frequência de utilização do computador para ensinar aos alunos competências de resolução de problemas revelaram que 10% dos professores com proficiência informática utilizavam regularmente o computador para ensinar aos seus alunos competências de resolução de problemas, em comparação com 73% que nunca ou raramente utilizavam o computador para ensinar essa competência.

Por outro lado, todos os 17% dos professores principiantes e não-proficientes nunca ou raramente utilizaram computadores para ensinar aos alunos as competências de resolução de problemas. Nenhum professor principiante ou não-proficiente utilizou computadores para ensinar esta competência aos alunos, três ou mais vezes por semana.

Como mostra a Tabela 4.10, em média, 71% dos professores proficientes nunca ou raramente utilizaram computadores para ensinar as competências académicas aos seus alunos, em comparação com os 12% que utilizaram computadores três a quatro vezes por semana ou diariamente. Dezassete por cento dos professores não proficientes e principiantes nunca ou raramente utilizam computadores uma ou duas vezes por semana para ensinar competências académicas aos alunos.

Tabela 4.10. Proficiência em informática e uso de computadores para instrução em sala de aula

Proficiência	Utilização de computadores para instrução na sala de aula			
Nível		Um-Dois	Três e quatro	
	Nunca	Tempo/Semana	Vezes/semana	Diário

	(%)	(%)	(%)	(%)
Não utilizador	3	0	0	0
Novato	9	5	0	0
Intermediário	24	29	3	3
Profissional	5	13	4	2
Total	41	47	7	5

Nota. As percentagens podem não corresponder a 100% devido a arredondamentos.

Análise do acesso ao computador na sala de aula e das competências académicas dos alunos

Quando a extensão da utilização de computadores pelos professores no ensino na sala de aula foi cruzada com o acesso a computadores nas salas de aula, 12% dos professores trabalham em salas de aula com cinco ou mais computadores, mas apenas 8% destes professores utilizavam computadores para o ensino na sala de aula pelo menos três vezes por semana numa base regular (Tabela 4.11). Comparativamente, 59% dos professores trabalhavam em salas de aula sem computadores ou tinham apenas um computador para toda a turma partilhar. Cerca de 44% desses professores nunca ou raramente usavam computadores para o ensino na sala de aula. Cerca de 14% dos professores que trabalhavam em salas de aula com computadores individuais referiram utilizar os computadores para o ensino na sala de aula pelo menos três vezes de forma regular, enquanto 1% dos professores que não tinham computadores nas suas salas de aula referiram utilizar os computadores para o ensino na sala de aula três a quatro vezes por semana. Dos 26% de professores que leccionavam em salas de aula com dois a quatro computadores na sala de aula, estavam quase divididos entre os que utilizavam computadores regularmente (12%) e os que nunca ou raramente utilizavam computadores para o ensino na sala de aula (14%).

Tabela 4.11. Tabulação cruzada do acesso ao computador na sala de aula com a utilização do computador para instrução

Número de	Frequência da utilização do computador no ensino na sala de aula		
Sala de aula		Um-dois	Três e quatro

Computadores	Nunca (%)	Horas/semana (%)	Horas/semana (%)	Diário (%)
Nenhum	6	7	1	0
1	8	23	7	7
2-4	2	12	5	7
5-10	0	3	2	1
>10	0	1	2	3
Total	16	46	17	18

Nota. As percentagens podem não corresponder a 100% devido a arredondamentos.

Quando se cruzou o grau de utilização dos computadores pelos professores para ensinar aos alunos competências de resolução de problemas com o acesso aos computadores na sala de aula, 12% dos professores leccionavam em salas de aula com cinco ou mais computadores, mas apenas 3% deles utilizavam regularmente os computadores pelo menos três a quatro vezes por semana ou diariamente. Sessenta e um por cento dos professores trabalhavam em salas de aula com um ou nenhum computador para uso dos alunos. Cinquenta e sete por cento destes professores nunca ou raramente utilizavam computadores para ensinar aos seus alunos as competências académicas, em comparação com os 4% que utilizavam computadores regularmente.

Embora a análise de tabulação cruzada do grau de utilização de computadores pelos professores para ensinar competências de investigação aos alunos e o acesso a computadores nas salas de aula tenha revelado que 12% dos professores leccionavam em salas de aula com cinco ou mais computadores, apenas cerca de 4% destes professores utilizavam regularmente computadores para ensinar competências de investigação aos seus alunos. Comparativamente, dos 61% dos professores que leccionavam em salas de aula sem computador ou com apenas um computador para toda a turma, 56% nunca ou quase nunca utilizavam computadores para ensinar competências de investigação aos seus alunos e apenas 5% utilizavam regularmente computadores para este fim. Cerca de 27% dos professores trabalhavam em salas de aula com uma média de dois a quatro computadores para uso dos alunos, mas apenas 9% ensinavam competências de investigação aos alunos três a quatro vezes por semana ou diariamente.

A tabulação cruzada da utilização de computadores para ensinar aos alunos competências analíticas com o acesso a computadores na sala de aula mostrou que 12% dos professores trabalhavam em salas de aula com cinco ou mais computadores, mas apenas 3% utilizavam regularmente os computadores para ensinar aos alunos competências analíticas três a quatro vezes por semana ou diariamente. Dos 61% de professores sem computadores ou com um único computador na sala de aula, apenas 3% utilizavam os computadores para ensinar competências analíticas aos seus alunos pelo menos três vezes por semana, em comparação com os 59% que nunca ou raramente utilizavam os computadores para ensinar os seus alunos. Apenas 2% dos 27% de professores que tinham uma média de dois a quatro computadores nas suas salas de aula utilizavam os computadores pelo menos três vezes por semana para ensinar competências analíticas aos seus alunos.

Utilização geral do computador para instrução na sala de aula no que respeita à acessibilidade

A Tabela 4.12 resume as médias de utilização de computadores para ensinar aos alunos as competências académicas em relação à disponibilidade de computadores nas salas de aula. Em média, 15% dos professores trabalham em salas de aula sem acesso à tecnologia, 7% dos quais indicaram utilizar computadores apenas uma ou duas vezes por semana e os restantes nunca utilizaram computadores para ensinar competências académicas aos seus alunos. Cerca de 47% dos professores trabalham em salas de aula com apenas um único computador para a aprendizagem na sala de aula. Vinte e três por cento destes professores nunca utilizaram computadores para ensinar os seus alunos, 20% utilizaram a tecnologia apenas ocasionalmente, enquanto apenas 4% utilizaram computadores pelo menos três vezes por semana. Dos 26% dos professores que trabalham em salas de aula com uma média de dois a quatro computadores, apenas 4% utilizam os computadores para o ensino na sala de aula pelo menos três a quatro vezes por semana ou diariamente, 7% nunca utilizam os computadores e 15% utilizam os computadores ocasionalmente. Cerca de 13% dos professores trabalham em salas de aula com acesso moderado a computadores (salas de aula com uma média de cinco a dez ou mais computadores). Três por cento destes professores nunca utilizaram os computadores para a aprendizagem na sala de aula, 6% utilizaram os computadores ocasionalmente (uma a duas vezes por semana) e 4% utilizaram os computadores três a quatro vezes por semana ou diariamente. Estes resultados mostram que a maioria dos professores trabalha em salas de aula sem computadores ou que a falta de acesso aos computadores influencia grandemente o nível de utilização dos computadores pelos professores para ensinar aos alunos as competências académicas.

Tabela 4.12. Tabulação cruzada do acesso ao computador na sala de aula com a utilização do computador para a aprendizagem de competências académicas

N.º de Instrução Sala de aula Computadores	Frequência de utilização do computador na sala de aula			
	Nunca (%)	Um-dois Tines/semana (%)	Três-quatro Tines/Semana (%)	Diário (%)
Nenhum	8	7	0	0
1	23	20	3	1
2-4	7	15	3	1
5-10	3	3	0	0
>10	0	3	2	2
Total	41	47	8	4

Nota. As percentagens não são iguais a 100 devido aos arredondamentos dos números

Análise da interação entre competência informática e acesso a computadores

A tabulação cruzada da extensão do uso de computadores para instrução em sala de aula pode estar incompleta sem levar em conta o efeito interativo da proficiência dos professores em computadores e a disponibilidade de computadores nas salas de aula. Para avaliar este efeito interativo, estes dois factores foram cruzados e os resultados resumidos na Tabela 4.13. Cerca de 83% dos participantes eram professores com conhecimentos de informática (59% intermédios e 24% profissionais) em comparação com 17% que não tinham conhecimentos (4% não utilizadores e 14% principiantes). Apenas 12% dos professores proficientes leccionavam em salas de aula com acesso moderado a computadores (com uma média de cinco a dez ou mais computadores), em comparação com 47% que leccionavam em salas de aula com um único computador ou sem computador para utilização da turma, enquanto 23% leccionavam em salas de aula com uma média de 24 computadores para utilização dos alunos.

Quase todos os professores principiantes e não-proficientes (14%) leccionavam em salas de aula sem computador ou com apenas um computador para aprendizagem em sala de aula, e 3% leccionavam em salas de aula com uma média de dois a quatro computadores cada. Nenhum professor principiante ou não-proficiente leccionava em salas de aula com cinco a dez ou mais computadores. Estes resultados mostram que tanto a proficiência informática como o acesso a computadores adequados nas salas de aula determinam a medida em que os professores utilizam a tecnologia informática na aprendizagem em sala de aula. Além disso, o acesso a computadores adequados nas salas de aula, em particular, é um fator limitativo importante para a utilização de computadores pelos professores no ensino na sala de aula.

Tabela 4.13. Tabulação cruzada do acesso a computadores na sala de aula com o nível de proficiência em tecnologia informática dos professores

Número de salas de aula Instrução Computadores	Nível de proficiência na utilização do computador na sala de aula			
	Não utilizadores (%)	Novatos (%)	Intermediário (%)	Profissional (%)
Nenhum	1	3	8	2
1	1	9	28	9
2-4	1	2	17	7
5-10	0	0	4	2
>10	0	0	2	4
Total	3	14	59	24

Nota. As percentagens totais podem não corresponder a 100% devido ao arredondamento dos números

Questão de investigação 2

Será que a localização dos computadores nas escolas (LOCIS), o rácio aluno/computador de instrução na sala de aula (CSTICR), o nível de proficiência em tecnologias informáticas atingido pelos professores (TALOCP), a atitude dos professores em relação à utilização de computadores no ensino na sala de aula (TCAT), a perceção do valor dos computadores no ensino pelos professores (TPCV) e a resistência à mudança (TRTCH) prevêem a utilização de computadores no ensino na sala de aula (TEOCUICI) por professores do ensino secundário público do Ohio?

Foram efectuadas análises de regressões múltiplas para examinar os factores de previsão do grau de utilização da tecnologia informática pelos professores nas escolas secundárias públicas do Ohio, utilizando o método simultâneo ou enter e os resultados são apresentados na Tabela 4.14. Todas as seis variáveis independentes, em combinação, previram significativamente o grau de utilização de computadores pelos professores no ensino na sala de aula, com $R = .652$, $R^2 = .425$, R ajustado$^2 = .411$, $F\ (6, 249) = 30.638$, $\rho < .001$. A proporção de computadores entre alunos e professores na sala de aula, o nível de proficiência em computadores alcançado pelos professores, o valor percebido pelos professores dos computadores na educação e as atitudes dos professores em relação ao uso de computadores na instrução em sala de aula predizem significativamente a extensão do uso de computadores pelos professores na instrução em sala de aula. Como mostra a Tabela 4.14, a resistência dos professores à mudança (TRTCH) e a localização dos computadores nas escolas (LOCIS) não foram preditores significativos da extensão do uso de computadores pelos professores para o ensino em sala de aula (TEOCUICI).

Embora o coeficiente alfa da amostra *(*R^2) seja elevado, não é utilizado para explicar a variância, porque o R^2 sobrestima frequentemente o coeficiente alfa da população (Green & Salkind, 2003). Neste estudo, o R ajustado^2 *é* apresentado em vez do R^2 . Como indicado na Tabela 4.14, o R ajustado$^2 = .411$, o que significa que 41% da variância do grau de utilização de computadores pelos professores no ensino na sala de aula foi explicada pelo modelo de regressão. De acordo com Cohen (1988), 41% é um tamanho de efeito grande.

Tabela 4.14. Estatísticas de regressão para os preditores e as variáveis de critério

Não padronizadoPadronizado95%	de confiança	Colinearidade

CoeficientesCoeficientes				Intervalo para B			Estatísticas	
				Inferior	Superior			
Modelo 1	B	SE	*Beta*	t	SigBound	Ligado	VIF	Tolerância
Constante	-1.334	1.	327-	1.024	.307	-3.947	1.279	
CSTICR	3.888	.610	.314	5.492	.000	2.687	5.089	1.049	.953
TALOCP	.677	.145	.267	4.424	.000	.391	.962	1.422	.703
TPCV	.246	.086	.195	2.803	.005	.078	.415	1.991	.502
TCAT	.302	.118	.177	2.454	.015	.071	.534	2.043	.490
TRTCH	-.003	.090	-.002	.209	.835	-.180	.175	1.828	.547
LÓIS	-.088	.075	-.059	-1.212	.227	-.236	.059	1.086	.921

R = .652, R^2 = .425, Adj.R^2 =.411, SE =2.456.

O modelo de regressão construído foi

$$\hat{Y}_{TEOCUICI} = \mathbf{4CSTICR + .7TALOCP + .3TCAT + .3TPCV - 1.3.}$$

Os coeficientes apresentados na equação de regressão linear sugerem que o rácio aluno/computador de instrução na sala de aula é o que mais contribui para a previsão do grau de utilização do computador pelos professores no ensino na sala de aula, seguido do nível de proficiência informática atingido pelos professores (competências informáticas), da perceção do valor do computador na educação e da atitude dos professores em relação ao computador, respetivamente. Como qualquer outro modelo de regressão, a fiabilidade e a generalização deste modelo de regressão dependem do cumprimento de determinadas condições específicas. As condições incluem a tenacidade da hipótese de regressão prescrita, a ausência de colinearidade e o facto de os valores das estatísticas descritivas se situarem dentro do intervalo esperado

Diagnósticos de multicolinearidade

As magnitudes das médias e dos desvios-padrão estavam dentro do intervalo dos valores esperados. Os resultados apresentados nas Tabelas 4.3 e 4.15 revelaram elevadas intercorrelações entre algumas das variáveis preditoras. As variáveis com correlações elevadas foram TPCV versus TCAT (r =,65), TPCV versus TRTCH (r =,58) e TCAT versus TRTCH (r =,59). Correlações tão elevadas podem ser uma indicação de que a previsibilidade da equação de regressão pode ser vulnerável à multicolinearidade. De acordo com Stevens (1999), a multicolinearidade é problemática por três razões. (1) mascara gravemente a dimensão do alfa de Cronbach porque os preditores competem pela mesma variância do critério, (2) dificulta a determinação da importância de um dado preditor devido às correlações compostas, e (3) aumenta as variâncias dos coeficientes de regressão e as variâncias mais elevadas prejudicam a equação de regressão.

Tabela 4.15. Correlações e estatísticas descritivas das variáveis

	12	3	4	5	6	M	SD
TEOCUICI 41** .49**		.45**	.444**	.38**	.01	9.63	3.2
1. CSTICR -	.20**	.13*	.10	.15*	-.04	.148	.26
2. TALOCP-		.44**	.44**	.47**	.002	5.98	1.26
3. TPCV		-	.65**	.58**	.20**	15.29	2.53
4. TCAT			-	.59**	.22**	11.81	1.87
5. TRTCH				-	.07	15.45	2.31
6. LÓIS					-	10.90	2.14

* ρ < .05; **ρ<.001

TEOCUICI: Grau de utilização do computador pelos professores no ensino na sala de aula; CSTICR: Rácio aluno/computador de instrução na sala de aula; TALOCP: Nível atingido de proficiência informática pelos professores; TPCV: Valor percebido do computador pelos professores; TCAT: Atitude dos professores em relação ao computador; TRTCH: Resistência dos professores à mudança; e LOCIS: Localização dos computadores na escola.

A multicolinearidade também mascara o coeficiente de regressão (R) na medida em que que o valor potencial de *R* seria inatingível e, subsequentemente, o poder preditivo do modelo de regressão seria grandemente diminuído. Green e Salkind (2003) e Stevens (1999) recomendam que se examinem as correlações simples entre os preditores na matriz de correlação e as correlações entre os preditores na matriz de correlação.

Fator de inflação da variância (VIF). Stevens definiu o VIF como (1/ (1-R^2) que indica qualquer associação linear forte entre um fator de previsão e todas as outras variáveis restantes. O exame das correlações entre os factores de previsão é limitado porque não indica com certeza a presença ou a existência de multicolinearidade na análise de regressão. Relativamente ao VIF, estes investigadores e a literatura de investigação em geral não fornecem a linha de base ou a magnitude de referência do VIF, abaixo ou acima da qual um investigador se deve preocupar.

Leech, et al. (2005) recomendam a encomenda de diagnósticos de multicolinearidade para obter o valor de tolerância ($1-R^2$) para avaliar a condição de multicolinearidade na análise. Como *o R* ajustado^2 foi utilizado para explicar a variância global na equação de regressão múltipla neste estudo, o valor de tolerância para este estudo foi definido como (1-R ajustado^2), em que *R* ajustado^2 =,41. Assim, o valor de tolerância obtido foi ($_{rtv}$=1-.41 =.59). As variáveis com correlações elevadas foram TPCV versus TCAT(r=.65), TPCV versus TRTCH(r =.58), e TCAT versus TRTCH (r =.59). Comparando todas as três correlações inter-variáveis elevadas com o valor de tolerância de base da análise de regressão ($_{rtv}$=.59), apenas a correlação para TPCV versus TCAT (r=.65) estava acima do valor de tolerância de referência. Este facto sugere que apenas a correlação entre o TPCV e o TCAT pode ser problemática, enquanto as correlações das outras variáveis não indicaram qualquer colinearidade. Tabachnick (1989) afirmou que, a menos que as correlações suspeitas fossem iguais ou superiores ao valor de tolerância de 0,70, a multicolinearidade não deveria ser uma preocupação, porque as correlações obtidas eram inferiores ao valor de tolerância de 0,70.

Análise de regressão com itens altamente correlacionados removidos

A análise inter-itens revelou que os itens TRTCH1, TRTCH4, TCAT4, TPCV3 e TCAT2 apresentaram correlações elevadas. Especificamente, a correlação entre TRTCH1 e TCAT4 foi de .658), entre TRTCH4 e TCAT4 foi de .531, enquanto a correlação entre TPCV3 e TCAT2 foi de .527. Os itens altamente correlacionados encontrados foram retirados e as variáveis modificadas passaram a designar-se TCATB, TRTCHB e TPCVB, respetivamente. Estas correlações elevadas entre itens podem mascarar o coeficiente de correlação múltipla global. Foram obtidos resultados semelhantes quando a análise de regressão múltipla foi efectuada com os itens correlacionados removidos (Tabela 4.16).

A combinação linear dos seis factores de previsão revistos foi significativa com R = 0,655, R^2 = 0,429, R ajustado^2 = 0,416, F (6, 249) = 31,224, p = 0,001. Com base nestes resultados, a equação de regressão explica cerca de 42% da variação do grau de utilização do computador pelos professores no ensino na sala de aula. Tal como nas análises anteriores, o LOUCIS e o TRTCHB não foram preditores significativos do critério TEOCUICI. O modelo de regressão linear obtido foi:

$$\hat{Y}_{TEOCUICI} = \mathbf{3.8CSTICR + .75TALOCP + .44TPCVB + .43TCATB - .89}$$

Tabela 4:16. Regressão de dados com itens altamente correlacionados removidos

	Não padronizado Coeficientes		Normalizado Coeficientes			95% Intervalo de confiança	
Modelo 1	B	SE	Beta	t	Sig.	LB	UB
Constante)	-0.887	1.315		.690		-3.478	1.704
CSTICR	3.808	.609	.312	6.362	.000	2.671	5.066
TALOCP	.748	.141	.296	5.307	.000	.470	1.025
TPCVB	.440	.109	.235	4.026	.000	.225	.656
TCATB	.426	.172	.143	2.478	.014	.087	.765
TRTCHB	.009	.100	.005	.086	.932	-.188	.205
LÓIS	-.092	.075	-.062	-1.232	.219	-.248	.051

Nota: R = 655,R^2 = .429, R ajustado^2 = .416, F(6, 249) = 31.224, p = .001.

Comparando os resultados das duas regressões, a diferença entre os dois valores do R ajustado^2 (R ajustado^2 com os itens correlacionados incluídos menos o valor do R ajustado^2 obtido de uma regressão com os itens correlacionados removidos, =.42-.41 =.01) foi muito pequena. Este facto sugere que a multicolinearidade não constituiu um problema neste estudo.

Pressupostos do modelo de regressão

Numa análise de regressão linear múltipla, o poder e a generalização do modelo ou equação de previsão também dependem do cumprimento dos pressupostos da análise de regressão linear. Os pressupostos da regressão afirmam que as variáveis são independentes umas das outras; são normalmente distribuídas na população com variâncias homogéneas e estão linearmente correlacionadas com o critério, mas não altamente correlacionadas umas com as outras (Stevens, 1999). Uma equação de regressão não teria qualquer valor ou utilidade se estes pressupostos não fossem cumpridos. Por este motivo, foi muito importante avaliar a viabilidade destes pressupostos neste estudo. A avaliação foi efectuada gerando histogramas, gráficos de dispersão e resíduos das variáveis de regressão e examinando depois cada um deles. Leech, et al. (2005), Green e Salkind (2003), e Stevens, (1999), afirmam que os pressupostos da análise de regressão linear são defensáveis quando os resíduos se dispersam aleatoriamente em torno da linha com o valor médio de zero na matriz do gráfico de dispersão da análise residual.

Foi gerada uma matriz de dispersão dos resíduos de regressão padronizados (Y-Y) versus o resíduo previsto padronizado (Y) e os resultados são apresentados no Apêndice F. Os resultados mostram que os pontos não formam um padrão, o que teria sido uma indicação de que os resíduos não estavam normalmente distribuídos, ou que estavam correlacionados com as variáveis independentes, e as variâncias dos resíduos não eram constantes. Nestas circunstâncias, os pressupostos teriam sido violados e o modelo de previsão seria inútil. Uma vez que os pontos se dispersaram aleatoriamente em torno da linha com o valor médio de zero, isto indica que os dados deste estudo satisfazem o pressuposto de que os erros são independentes uns dos outros e são normalmente distribuídos com uma variância constante (Leech, et al., 2005; Green & Salkind, 2003; Stevens, 1999).

A tenacidade dos pressupostos da relação linear entre o critério e as seis variáveis independentes foi avaliada através da geração de um gráfico de dispersão do critério, TEOCUICI(Y) versus o valor preditor padronizado da regressão (Y), como se mostra no Apêndice G. Os resultados indicaram que as variáveis preditoras neste estudo estavam linearmente correlacionadas com o critério. A distribuição normal do critério na população foi avaliada através da representação gráfica da frequência do critério versus resíduos, e os resultados são apresentados no Apêndice H. Foram obtidos resultados semelhantes para cada uma das seis variáveis independentes, o que indicou que as variáveis estavam normalmente distribuídas na população.

A análise dos dados demonstrou que os pressupostos da análise de regressão linear são válidos neste estudo. Os resultados sugerem ainda uma distribuição normal das variáveis na população em estudo. A validade destes pressupostos significa que os preditores e o critério estão linearmente correlacionados e que as variáveis são independentes umas das outras e homogéneas na população.

Análise de outliers de regressão

A equação de regressão minimiza a variância dos resíduos (erros ao quadrado ou resíduos), mas nem todos os resíduos de cada caso caem sobre ou perto da linha da equação; alguns dos que se encontram mais afastados dessa linha podem ser outliers. Por exemplo, os casos numerados no Apêndice F e no Apêndice G podem ser potenciais outliers e afetar negativamente a equação ou o modelo de regressão. Foi efectuada uma análise de diagnóstico caso a caso dos resíduos para determinar se os pontos mais afastados da linha de equação eram ou não anómalos. Os resultados indicaram que o caso número 190 era o único que provavelmente era um outlier. No entanto, um exame atento dos dados relativos a este caso não revelou quaisquer erros de introdução de dados ou qualquer magnitude invulgar dos vários valores; por conseguinte, o caso não foi eliminado.

Validação do modelo de regressão

Uma equação de regressão é útil quando aplicada a uma população de amostras independentes e o seu poder de previsão não diminui drasticamente (validade cruzada). Se a redução for grande, isso significa que a equação não faz boas previsões noutras amostras. Consequentemente, a sua utilidade é limitada e, por isso, não cumpre o objetivo para o qual foi desenvolvida. Dado que não havia nenhum conjunto de dados adicional disponível para avaliar a retração ou a validade cruzada da equação de regressão obtida para este estudo, foi aplicada a fórmula de Stein (Stevens, 1999) para validar a equação de regressão múltipla.

O R ajustado^2 obtido neste estudo deveu-se ao facto de dar uma melhor estimativa do coeficiente de regressão múltipla da população do que o R^2 normalmente apresentado na maioria dos estudos de regressão. O R^2 sobreestima frequentemente o coeficiente de regressão múltipla da população estudada (Stevens 1999). Optou-se pela fórmula de Stein em vez de simplesmente apresentar o *R* ajustado^2 porque a fórmula de Stein é a abordagem mais rigorosa para validar a força do modelo de regressão múltipla (validade cruzada) em comparação com a fórmula de Wherry utilizada para calcular o R ajustado^2 (Stevens). Utilizando a fórmula de Stein, o *R ajustado*^{2} foi utilizado na validação cruzada para mostrar a fiabilidade da equação de regressão derivada neste estudo. A fórmula de Stein é a seguinte:

$$\rho_c^2 = [1- \{(n-1)/ (n-k-1)\} \{(n-2)/ (n-k-2)\} \{(n +1)/ (n)\} (1- R^2)].$$

Onde **n** é o tamanho da amostra = 256, **k** é o número de preditores = 6, e p_{cs}^2 é a validade cruzada ou coeficiente de correlação múltipla da amostra da população, onde R = .652, R^2 = .425 e *R ajustado*^{2} = .411.

(i) Quando R^2 = .425:

$$\rho_{cs1}^2 = 1–\{(255/249) (254/248) (257/256) (1-.425)\} = .3969.$$

Por conseguinte, $\rho_{cs1}^2 \approx .40$

A margem de erro entre o R^2 obtido através da fórmula de Stein e o R ajustado^2 indicado pelo SPSS foi de 0,01, ou seja, um ponto percentual, o que indica uma redução muito pequena. Isto sugere que, se *o* R^2 for apresentado em vez do R ajustado^2 , então a variância populacional da *extensão da utilização de computadores no ensino em sala de aula* nas escolas secundárias públicas do Ohio seria sobrestimada em apenas 1%. Como a redução entre o R *ajustado*^{2} e o R^2 obtido através da fórmula de Stein é pequena, isto sugere que o modelo de regressão é fiável e tem boa generalização em populações semelhantes.

Questão de investigação 3

Quais são, na sua opinião, os principais obstáculos à utilização quotidiana dos computadores na sala de aula?

Esta pergunta foi colocada aos professores com o objetivo de conhecer os seus pontos de vista sobre os principais obstáculos que enfrentam na utilização regular da tecnologia informática para a aprendizagem na sala de aula. A pergunta visava obter uma visão dos obstáculos que os professores das escolas secundárias públicas do Ohio encontram nos seus esforços para integrar a tecnologia informática na aprendizagem na sala de aula.

Conhecer os factores que os próprios professores consideram como os principais obstáculos à sua utilização diária de computadores na aprendizagem na sala de aula é muito importante para a integração da tecnologia informática nos currículos escolares, porque ajuda no planeamento estratégico da formação e do CTPD. As respostas à pergunta foram categorizadas e resumidas na Tabela 4.17

O resumo na Tabela 4.17 mostra seis factores citados pelos professores como principais obstáculos à sua utilização de computadores para o ensino e aprendizagem na sala de aula, mas quando examinados de perto, apenas três podem ser considerados obstáculos importantes. No total, os participantes mencionaram sete obstáculos: falta de computadores nas salas de aula, falta de tempo, rácio aluno/computador na sala de aula, idade dos computadores, localização dos computadores nas escolas, tempo de inatividade dos computadores e falta de formação/competência em informática. A falta de computadores nas salas de aula e

computadores inadequados na sala de aula ou o rácio alunos/computadores instrucionais na sala de aula significam a mesma coisa. Com base na análise dos comentários dos participantes, a idade dos computadores, o tempo de inatividade dos computadores e a falta de formação não constituíram problemas importantes para a maioria dos professores do Estado. Além disso, os comentários dos participantes sobre os factores sugerem que os factores não são mutuamente exclusivos.

Tabela 4.17. Barreiras à integração de computadores na sala de aula em escolas secundárias públicas do Ohio

Fator	Frequência	Percentagem
Falta de computadores na sala de aula	179	69.1
Falta de tempo	24	10.2
Localização dos computadores na escola	22	9.6
Era dos computadores	15	6.5
Tempo de inatividade do computador	7	3.1
Falta de formação em informática	3	1.3
Totais	230	100.0

Falta de computadores na sala de aula

Como mostram os resultados, quase 7 em cada 10, ou seja, 179 inquiridos, referiram a falta de computadores ou a existência de computadores inadequados nas suas salas de aula como o principal obstáculo à integração dos computadores nos seus programas escolares. Um participante sublinhou que: A disponibilidade de computadores adequados para todos os alunos utilizarem na sala de aula quando necessário é importante. Só tenho dois computadores na minha sala de aula, mas há vinte computadores no laboratório de informática aos quais não tenho acesso quando preciso de os utilizar. Este inquirido salientou duas questões importantes: a falta de computadores adequados nas salas de aula e a localização dos computadores nos laboratórios de informática e a sua acessibilidade aos professores e aos seus alunos.

Outro inquirido, um professor de arte, comentou: "Há muito poucos computadores nas salas de aula e nenhum software para arte, como o Photoshop e o Freehand, está disponível no laboratório de informática." Mais uma vez, estes inquiridos consideram que o elevado rácio aluno-computador na sala de aula e a falta de computadores adequados ou de software apropriado são os principais obstáculos à sua integração rotineira da tecnologia informática na aprendizagem na sala de aula. Ainda outro professor, que indicou ter cinco computadores na sua sala de aula (deve ser um dos poucos sortudos), escreveu: "Não há computadores suficientes na minha sala de aula." A ênfase na falta de computadores nas salas de aula para os alunos utilizarem durante a aprendizagem na sala de aula sublinha a importância de ter acesso suficiente a computadores nas salas de aula, por oposição aos computadores nos laboratórios de informática.

O acesso aos computadores nas salas de aula é expresso como o rácio aluno/computador. Cerca de 20 inquiridos indicaram que o rácio alunos/computador de instrução era um grande obstáculo a uma maior utilização dos computadores no ensino na sala de aula. Vários inquiridos escreveram: "Não há computadores suficientes nas salas de aula para os alunos utilizarem", outro acrescentou: "Só tenho um computador na minha sala de aula". A disponibilidade de computadores adequados nas salas de aula é um fator crítico para a integração generalizada da tecnologia informática nos currículos escolares. No entanto, os resultados deste estudo sugerem que a disponibilidade de computadores nas salas de aula das escolas públicas do Ohio é, na melhor das hipóteses, escassa, sendo que apenas 12% dos professores tinham uma média de cinco a dez ou mais computadores nas suas salas de aula, em comparação com 62% que trabalhavam em salas de aula com apenas um computador ou sem qualquer computador para aprendizagem na sala de aula. Além disso, cerca de 70% dos participantes referiram a falta de computadores nas suas salas de aula como um grande obstáculo à utilização regular de computadores no ensino.

Localização dos computadores na escola

A importância da localização dos computadores na escola como fator limitativo da utilização de computadores pelos professores na aprendizagem na sala de aula foi salientada por 22 inquiridos, para além dos que a mencionaram juntamente com a falta de computadores nas salas de aula. Estes comentários sublinham especificamente a importância dos computadores nas salas de aula, por oposição à localização dos computadores no laboratório de informática. Um professor de matemática deste estudo subestimou a importância da localização dos computadores na sala de aula, comentando "Temos a sorte de ter um laboratório de informática dedicado à matemática, mas partilhá-lo com outros oito professores limita a utilização dos computadores." Outro inquirido escreveu: "Só tenho um computador na minha sala de aula. Os laboratórios estão sempre cheios e é difícil conseguir um horário". Os inquiridos expressaram que a localização dos computadores nos laboratórios de informática limita a sua utilização para o ensino e a aprendizagem devido à inacessibilidade dos laboratórios de informática.

Quase todos os participantes afirmaram que têm laboratórios de informática nas suas escolas e que dispõem de computadores adequados, como mostra o rácio de computadores por aluno de 1:1. No entanto, a sua ênfase na falta de computadores nas salas de aula, apesar da disponibilidade de computadores adequados nos laboratórios de informática, sublinha a importância da localização dos computadores na escola. Aqui, a localização dos computadores nas salas de aula é fundamental, como este inquirido explicou claramente. "São necessários mais computadores nas salas de aula para as áreas disciplinares - línguas estrangeiras, arte e história."

Falta de tempo

De acordo com as respostas dos participantes, a falta de tempo foi o segundo obstáculo mais mencionado para a utilização de computadores pelos professores na aprendizagem na sala de aula. Vinte e quatro participantes, ou seja, 10%, referiram que a falta de tempo era um obstáculo importante à utilização regular de computadores no ensino na sala de aula. No entanto, as opiniões dos professores sobre a falta de tempo são variadas. Por exemplo, um professor escreveu "Falta de tempo de preparação para se expor a novas aplicações de software", enquanto outro afirmou "Falta de tempo para formação em serviço". Um professor de psicologia escreveu "Falta de tempo para conhecer o que está disponível no mercado tecnológico".

A falta de tempo devido aos curtos períodos de aulas foi amplamente citada por muitos dos participantes. Como escreveu um professor: "Gostaria de fazer mais tarefas baseadas em computador, mas não há tempo suficiente". Outro participante declarou: "Não há tempo suficiente para preparar planos de aula". Outro acrescenta: "Falta de tempo para planear e preparar-se para se manter atualizado com a utilização da tecnologia na sala de aula". Além disso, um participante comentou: "Preciso de tempo para melhorar as minhas competências informáticas como professor." Como demonstrado pelos vários comentários sobre os efeitos da falta de tempo na utilização de computadores pelos professores para o ensino na sala de aula, o tempo é um fator multifacetado ou complexo que afecta a utilização de computadores pelos professores para o ensino e aprendizagem na sala de aula.

Era dos computadores, tempo de inatividade e formação

Estes factores não constituem obstáculos importantes à utilização de computadores na aprendizagem em sala de aula, porque apenas uma pequena percentagem dos participantes os referiu como obstáculos à sua utilização de computadores na aprendizagem em sala de aula. A idade dos computadores é importante apenas devido ao facto de as escolas não poderem substituir os computadores com tanta frequência devido à falta de dinheiro. No entanto, os participantes expressaram a sua frustração por terem de utilizar computadores antigos para o ensino na sala de aula como um fator limitativo. Um professor afirma: "Os computadores são lentos", e outro disse simplesmente: "Os meus computadores não funcionam! "Os computadores que funcionam são difíceis de encontrar e, se os encontrarem, são lentos", acrescenta outro professor. Não é segredo que ainda se encontram nas salas de aula computadores velhos ou obsoletos, que não deviam lá estar. Esses computadores podem não ser eficientes na aprendizagem em sala de aula. Consequentemente, pode ser frustrante para os professores, que podem ter software atual para ensinar, mas que são prejudicados pelos computadores lentos e velhos de muitas salas de aula. No entanto, é encorajador ver que poucos professores mencionam agora a idade dos computadores como um problema, porque isso significa que muitos computadores nas salas de aula das escolas não são velhos ou obsoletos.

O tempo de inatividade dos computadores é o período durante o qual os computadores não funcionam e, portanto, não estão disponíveis para o ensino e a aprendizagem. O tempo de inatividade pode dever-se a um mau funcionamento do hardware ou do software. Cerca de 3,1%, uma fração significativamente menor dos participantes, referiu este aspeto como um obstáculo à utilização de computadores no ensino na sala de aula. Um participante escreveu: "É frustrante quando se tem a oportunidade de utilizar os computadores e estes deixam de funcionar a meio das actividades da aula." Outro professor escreveu: "É ainda mais frustrante quando os computadores deixam de funcionar durante a atividade da aula, depois de se ter esperado muito tempo para ter acesso aos computadores do laboratório de informática."

Com base nas respostas dos participantes neste estudo, a falta de formação ou de desenvolvimento profissional no domínio das tecnologias informáticas (CTPD) não foi um obstáculo à utilização do computador no ensino na sala de aula. Apenas uma pequena proporção (1,3%) dos participantes mencionou a falta de formação ou de desenvolvimento profissional para a proficiência em informática como um obstáculo à sua integração de computadores no currículo escolar. Estes resultados estão de acordo com os encontrados em análises anteriores das respostas dos professores sobre a formação e o nível de preparação para integrar a tecnologia no seu ensino na sala de aula. Cerca de 77% dos participantes declararam que eram proficientes na integração de computadores no ensino na sala de aula e 83% declararam que eram proficientes na utilização da tecnologia informática para a aprendizagem.

Outras respostas

É certo que os professores têm opiniões diferentes sobre os factores que consideram um obstáculo à utilização de computadores para o ensino na sala de aula. No entanto, algumas respostas foram difíceis de situar, quer se tratasse de comentários, queixas ou obstáculos. Por exemplo, um professor de música escreveu: "Não existe um laboratório de informática para professores de música e as aulas académicas têm sempre prioridade." Outro inquirido, um professor de ciências agrícolas, afirma: "O número de computadores na sala de aula é o principal obstáculo, porque com 43 minutos de aula, quando dou instruções, pego nos computadores portáteis, desligo e guardo os computadores, só tenho cerca de 25 minutos para utilizar os computadores." Um professor de francês escreve: "A tecnologia é apenas um meio para atingir um fim, e quando os professores ou as escolas permitem que a tecnologia se torne o fim em si mesma, começam a falhar como professores." "Penso que os alunos têm uma overdose de computadores, por isso deixo que outros professores utilizem os computadores e uso métodos tradicionais testados pelo tempo na minha sala de aula", comenta outro participante.

Em contraste com os pontos de vista já discutidos, dois professores apresentaram pontos de vista interessantes. Um professor de História escreveu que "a utilização excessiva da filtragem é um obstáculo porque são bloqueados muitos recursos que não representam qualquer perigo para os alunos". Em contrapartida, outro professor, de Ciências Físicas, que parece ter menos filtros na sua sala de aula ou no laboratório de informática, comenta que "a monitorização dos alunos que navegam na Internet durante a aprendizagem na sala de aula é um grande obstáculo à utilização do computador para a aprendizagem na sala de aula". Muitos inquiridos apontaram vários factores já discutidos como obstáculos à sua utilização regular de computadores para o ensino na sala de aula. Com base nas respostas dos participantes, os principais obstáculos são, respetivamente, a falta de computadores na sala de aula, a falta de tempo, a localização dos computadores na sala de aula e o rácio aluno/computador na sala de aula.

Utilização de software nas salas de aula

Outra questão aberta perguntava aos professores que software utilizam habitualmente nas suas salas de aula numa base regular. As respostas recolhidas foram codificadas e estão resumidas na Tabela 4.18 abaixo.

Tabela 4.18. Software utilizado no ensino em sala de aula nas escolas secundárias públicas do Ohio

Software	Frequência	Percentagem
Microsoft Office suite	101	51.8
Navegadores de Internet	43	22.1
Software de laboratório de matemática	19	9.7
Caderno de Progresso	16	8.2
Photoshop	14	7.2
SmartBoard	1	.5
PageMaker	1	.5
	195	100.0

Os resultados mostram que 52% dos inquiridos utilizaram o pacote de escritório da Microsoft (Word, Excel e PowerPoint). De acordo com os resultados, a Internet é a segunda opção mais popular, com 22% (43 inquiridos) dos professores a indicarem a sua utilização para a aprendizagem na sala de aula. O Math Lab, o Progress Notebook e o Photoshop são alguns dos programas informáticos mais utilizados nas salas de aula. Embora poucos inquiridos tenham indicado utilizar SmartBoards nas suas salas de aula, muitos inquiridos expressaram o seu desejo de os utilizar e a falta de SmartBoards nas suas salas de aula.

Disponibilidade de Internet nas salas de aula das escolas públicas do Ohio

De acordo com a análise dos dados deste estudo, a maioria dos professores inquiridos (85,2%) declarou ter pelo menos um computador para alunos com ligação à Internet nas suas salas de aula. Embora 14,8% dos professores tenham declarado não ter computadores para alunos nas suas salas de aula, cada inquirido tem um computador de professor ligado à Internet na sua sala de aula. Com base nos dados recolhidos, o acesso à Internet nas salas de aula das escolas públicas do Ohio atingiu, em geral, a marca dos 100%.

Análises adicionais

Análise dos dados com a inclusão dos professores não discricionários

Foram efectuadas análises adicionais utilizando o conjunto de dados com a inclusão de professores não discricionários (professores de gestão e de tecnologia informática). Estes professores têm mais computadores nas suas salas de aula do que os seus homólogos discricionários. Por exemplo, o rácio aluno/computador de instrução dos dados não discricionários era de 1:1. Quando estes dados foram incluídos no cálculo do rácio médio aluno/computador de instrução para o estudo, o rácio melhorou de 8:1 para 5:1.

Comparativamente, o rácio geral de computadores dos alunos nos laboratórios de informática era ainda muito melhor, 1:1, em comparação com 8:1 nas salas de aula. Os resultados das regressões múltiplas resumidos na Tabela 4.19 mostram que a regressão linear múltipla foi significativa com $R = 0{,}719$, $R^2 = 0{,}518$, $R\ ajustado^2 = 0{,}507$, $F\ (6, 272) = 48{,}63$, $p = 0{,}001$. Cinquenta e um por cento (o valor do $R\ ajustado^2$) da variação do grau de utilização de computadores pelos professores para o ensino na sala de aula é explicado pela combinação linear dos seis factores de previsão.

A equação de regressão linear para esta análise é:

$$\hat{Y}_{TEOCUICI} = \mathbf{3.2CSTICR + .76TALOCP + .33TPCV + .32TCAT - 2.9.}$$

Tal como indicado no modelo de regressão acima, o rácio aluno/computador na sala de aula (CSTICR) foi o fator que mais contribuiu para a equação, seguido do nível de proficiência informática atingido pelos professores (TALOCP), da perceção do valor do computador para a educação (TPCV) e da atitude dos professores em relação à utilização do computador na educação (TCAT), que contribuiu para a variação total. No entanto, a localização dos computadores na escola (LOCIS) e a resistência dos professores à utilização dos computadores no ensino (TRTCH) não foram factores de previsão significativos do critério.

Tabela 4.19. Análise de regressão com a inclusão de professores não discricionários

	Não normalizado Coeficientes		Normalizado Coeficientes		
Modelo 1	B	SE	Beta	t	Sig.

(Constante)	-2.944	1.380		-2.134	.034
TPCV	.328	.096	.180	3.422	.001
TCAT	.324	.110	.181	2.960	.003
TRTCH	-.002	.098	-.001	-.022	.983
LÓIS	-.082	.073	-.049	-1.129	.260
CSTICR	3.226	.426	.346	7.574	.000
TALOCP	.759	.141	.280	5.39	.000

Foi efectuada outra análise de regressão múltipla utilizando o rácio de computadores dos alunos do laboratório de informática (Tabela 4.20) que mostra que a combinação da regressão linear dos factores investigados foi significativa com $R = 0{,}586$, $R^2 = 0{,}343$, R *ajustado*$^2 = 0{,}327$, $F\,(6, 249) = 21{,}69$ e $p = 0{,}001$.

Tabela 4.20. Coeficientes de Regressão da Análise de Dados com o Rácio de Alunos do Laboratório de Informática

Não normalizado			Normalizado		
	Coeficientes		Coeficientes		
Modelo 1	B	SE	Beta	t	Sig.
Constante)	-1.300	1.433	-.907	.365	
TALOCP	.804	.153	.318	5.237	.000
TPCV	.265	.091	.210	2.901	.004
TCAT	.294	.126	.172	2.339	.020
TRTCH	.016	.096	.012	.170	.866
LÓIS	-.106	.080	-.071	-1.320	.188
LABSTCR	-.468	.215	-.112	-2.177	.030

Nota: R =,586, R^2 =,343, R *ajustado*^{2} =,327, F=21,69, df1=6, df2 =249, p =,001.

Mais uma vez, os resultados indicam que a resistência dos professores à mudança (TRCHB) e a localização dos computadores na escola (LOCIS) não foram preditores significativos da extensão do uso de computadores pelos professores para instrução em sala de aula no laboratório de informática. Surpreendentemente, embora o rácio aluno/computador do laboratório de informática fosse de 1:1, o que era muito melhor do que o rácio aluno/computador da sala de aula, a sua contribuição para a previsão foi pequena em magnitude (-,470) e inversa à equação de previsão múltipla linear:

$$\hat{Y}_{TEOCUICI} = .8TALOCP + .27TPCV + .29TCAT - .47LABSTCR - 1.3.$$

Análise das variáveis secundárias

Para além do ensino na sala de aula, os professores também utilizam os computadores para serviços de apoio, tais como a preparação de planos de aula, a pesquisa na Internet de novos métodos e materiais de ensino e aprendizagem, a classificação das aulas, a assistência às aulas e a comunicação por correio eletrónico numa base regular. Neste estudo, o investigador formulou a hipótese de que os professores que utilizam extensivamente os computadores para fins não didácticos, como a comunicação por correio eletrónico (EMTOOL), o planeamento de aulas (LPTOOL), a pesquisa na Internet de novos métodos de ensino (ISTOOL) e a manutenção de registos de aulas (CMGTOOL), também utilizam extensivamente os computadores no ensino na sala de aula. As estatísticas descritivas e as percentagens de professores que utilizam os computadores diariamente ou pelo menos três a quatro vezes por semana estão resumidas na Tabela 4.20.

Tabela 4.21. Estatísticas descritivas para não docentes Utilização de computadores

			(%) Professores que utilizam computadores	
Variável	Média	SD	Diariamente - quatro por semana	N
TEOCUICI	9.63	3.200	35	256
CMGTOOL	3.66	.819	88	256
EMTOOL	3.51	.849	82	256
LPTOOL	2.72	1.109	52	256
ISTOOL	2.75	.940	55	256

Os resultados da tabela acima (Tabela 4.21) indicam que os professores do ensino secundário público do Ohio estão a utilizar os computadores para realizar funções não-instrucionais mas importantes na profissão docente. A maioria dos professores (88%) utiliza os computadores como ferramenta de gestão da sala de aula, seguida de 82% que os utilizam regularmente como ferramenta de comunicação. Comparativamente, cerca de metade dos professores, 52% e 55%, utilizam os computadores para criar planos de aula e pesquisar na Internet novos materiais didácticos, respetivamente. Embora muitos professores utilizem largamente os computadores para fins não educativos, estas utilizações não prevêem a utilização dos computadores pelos professores para o ensino na sala de aula. A análise de regressão foi significativa com R = .232, R^2 =.054, R ajustado^2 = .039. F (4, 251) = 3,568, p = 0,01, mas apenas a utilização da Internet para procurar materiais didácticos foi o único fator de previsão significativo do TEOCUICI. Isto significa que as utilizações secundárias ou não-instrucionais dos computadores não são factores de previsão significativos do grau de utilização dos computadores para o ensino na sala de aula.

Resumo

O principal objetivo deste estudo era determinar o grau de utilização da tecnologia informática na sala de aula pelos professores do ensino secundário das escolas públicas do Ohio, examinar os factores que prevêem essa utilização e as barreiras ou obstáculos a essa utilização. O tamanho da amostra utilizada no estudo foi de 256 professores selecionados aleatoriamente de dezoito escolas selecionadas aleatoriamente em todo o estado. As análises indicaram que a maioria dos professores das escolas secundárias públicas do Ohio estava altamente preparada (77%) e proficiente (83%) para integrar regularmente a tecnologia informática na aprendizagem na sala de aula. Os resultados sugerem uma falta generalizada de computadores nas salas de aula das escolas secundárias públicas do Ohio, onde apenas 12% dos professores proficientes trabalhavam em salas de aula com acesso moderado a computadores, em comparação com os 71% que trabalhavam em salas de aula sem computadores ou com um a quatro computadores nas salas de aula. Em média, 88% dos professores nunca ou raramente utilizam os computadores para ensinar as competências académicas dos seus alunos, enquanto apenas 12% utilizam regularmente o computador na sua sala de aula. Comparativamente, o acesso aos computadores nos laboratórios de informática, nas escolas públicas do Ohio, é melhor, com um rácio ideal de computadores por aluno de

1:1, do que nas salas de aula.

Relativamente à extensão da utilização de computadores pelos professores para a aprendizagem na sala de aula, a utilização de computadores pelos professores do ensino secundário do Ohio para ensinar os seus alunos foi, em média, de 1,8 vezes por semana, o que significa que os professores apenas utilizam a tecnologia informática uma ou duas vezes por semana de forma regular. A análise de regressão indicou que o rácio aluno/computador na sala de aula, o nível atingido pelos professores de proficiência em tecnologia informática, a atitude dos professores em relação à utilização de computadores no ensino e a perceção do valor dos computadores no ensino eram factores de previsão do grau de utilização de computadores pelos professores para o ensino na sala de aula em escolas secundárias públicas do Ohio. A resistência à mudança e a localização dos computadores na escola não foram factores de previsão do grau de utilização dos computadores pelos professores na intrusão na sala de aula em escolas secundárias públicas do Ohio. As variáveis secundárias ou as utilizações não lectivas do computador examinadas neste estudo não foram preditoras do grau de utilização do computador pelos professores no ensino na sala de aula. Além disso, a maioria dos professores utiliza os computadores mais para a gestão da sala de aula e para a comunicação por correio eletrónico do que para o ensino na sala de aula.

A análise do ponto de vista e dos comentários dos participantes sobre os factores que consideram ser o principal obstáculo à integração dos computadores no ensino na sala de aula esclarece melhor os factores que os professores das escolas públicas do Ohio consideram ser os principais obstáculos. De acordo com os resultados, a falta de computadores na sala de aula, a falta de tempo e a localização dos computadores na escola foram os principais obstáculos à integração da tecnologia informática, respetivamente. A idade dos computadores, o tempo de inatividade dos computadores e a falta de formação em informática, embora mencionados, não foram os principais obstáculos à integração informática com base na frequência com que cada fator foi mencionado.

CAPÍTULO 5: IMPLICAÇÕES E CONCLUSÕES

Discussão das principais conclusões do estudo

Resumo do capítulo

Os principais objectivos deste estudo foram determinar em que medida os professores das escolas secundárias públicas do Ohio utilizam a tecnologia informática no ensino na sala de aula, examinar possíveis factores de previsão da utilização de computadores pelos professores no ensino na sala de aula e citar outros factores que os professores consideram como principais obstáculos à sua utilização regular de computadores no ensino na sala de aula. O foco deste capítulo é a discussão lógica dos principais resultados do estudo, orientada pelas questões de pesquisa. As questões fundamentais de investigação abordadas foram: (1) Em que medida os professores das escolas secundárias públicas do Ohio utilizam regularmente computadores nas suas aulas? (2) Será que a localização dos computadores nas escolas (LOCIS), o rácio aluno/computador de instrução na sala de aula (CSTICR), o nível atingido de proficiência em tecnologia informática dos professores (TALOCP), as atitudes dos professores em relação à utilização de computadores no ensino na sala de aula (TCAT), o valor percebido pelos professores dos computadores no ensino (TPCV) e a resistência dos professores à mudança (TRTCH) prevêem a utilização de computadores no ensino na sala de aula (TEOCUICI) por

Professores do ensino secundário público do Ohio? (3) O que é que os professores das escolas secundárias públicas do Ohio consideram ser os principais obstáculos à utilização regular da tecnologia informática no ensino na sala de aula?

Dados demográficos da amostra

As conclusões analisadas neste capítulo basearam-se nos dados obtidos de 256 inquiridos de 18 escolas secundárias públicas do Ohio selecionadas aleatoriamente. Estes inquiridos representam uma taxa de resposta global de 27%, dos quais 59% eram do sexo feminino e 41% do sexo masculino. Estes inquiridos representam também uma vasta gama de habilitações literárias, disciplinas e experiência de ensino. No que respeita à formação académica, 26,2% dos professores dos liceus públicos do Ohio têm o grau de bacharel, 73,4% têm o grau de mestre e 0,4% têm o grau de doutor (Quadro 4.4). Os

256 inquiridos também ensinam uma grande variedade de disciplinas (Quadro 4.6), sendo 68% especializados nas disciplinas académicas tradicionais: 19% em inglês, 20% em matemática, 14% em ciências e 15% em ciências sociais). Um grupo "especial" de cerca de 3% dos professores ensinava todas as três disciplinas tradicionais (inglês, matemática e ciências). Os restantes 32% ensinam disciplinas secundárias que incluem artes industriais, ciências agrícolas, educação física, música, educação especial, aconselhamento e línguas estrangeiras como espanhol, francês, grego e alemão (Tabela 4.6).

Também se verificou uma grande variação (1 a 37) nos anos de experiência de ensino entre os 256 inquiridos. O número médio de anos de experiência de ensino para a amostra foi de 16 anos - mas 18% dos participantes leccionaram durante cinco anos ou menos, 19% leccionaram durante 6 a 10 anos, 20% leccionaram durante 11 a 15 anos, 11% leccionaram durante 16 a 20 anos e 32% tinham 21 a 37 anos de serviço. Ver Quadro 5.5. Estes resultados coincidem com os resultados semelhantes comunicados pela eTech Ohio (2003), em que 5% dos professores do Ohio tinham um ano ou menos de experiência de ensino, 19% tinham 2 a 5 anos, 22% tinham 6 a 12 anos, 20% tinham 13 a 20 anos e 33% tinham 21 ou mais anos de serviço em 2002. Barron, Kemker, Harmes e Kalaydjian (2003) também registaram resultados semelhantes a nível nacional.

Proficiência em computadores e utilização para instrução na sala de aula

Este estudo examinou em que medida os professores do ensino secundário público do Ohio utilizam regularmente computadores na sala de aula para ensinar as competências académicas dos seus alunos. As competências académicas incluem, entre outras, a resolução de problemas, a investigação e as competências analíticas. A literatura disponível refere-se por vezes a estas competências como literacia em tecnologia informática (Barron, et al., 2003) e implica ensinar os alunos a utilizar a tecnologia informática como ferramenta de investigação, comunicação, resolução de problemas e análise.

As análises requerem o conhecimento do grau de preparação e competência dos professores dos liceus públicos do Ohio para utilizarem eficazmente os computadores no ensino na sala de aula. Este estudo revelou que 77% dos professores dos liceus públicos do Ohio estão bem preparados e 83% são competentes para utilizar os computadores na sala de aula para ensinar as competências académicas dos seus alunos. Comparativamente, um relatório da eTech Ohio em 2002 concluiu que apenas 45% dos professores das escolas públicas do Ohio estavam bem preparados para integrar a tecnologia informática no ensino na sala de aula (eTech Ohio).

Quando questionados sobre a frequência com que utilizam os computadores para o ensino na sala de aula, cerca de 36% dos professores das escolas secundárias públicas do Ohio disseram que utilizam regularmente os computadores para o ensino na sala de aula, enquanto 65% dos professores das escolas secundárias disseram que raramente ou nunca utilizam os computadores para o ensino na sala de aula (Tabela 4.7). Dos professores que indicaram estar bem preparados ou serem proficientes em tecnologia informática, apenas 7% destes professores utilizavam a tecnologia para ensinar os seus alunos a fazer análises, 11% utilizavam-na para a resolução de problemas e 18% utilizavam-na para investigação pelo menos três a quatro vezes por semana ou diariamente numa base regular (Quadro 4.7).

Por outro lado, cerca de 9 em cada 10 inquiridos neste estudo nunca ou raramente utilizam computadores para ensinar aos seus alunos competências analíticas e de resolução de problemas, enquanto 8 em cada 10 professores afirmaram que nunca ou raramente utilizam computadores para ensinar aos seus alunos competências de investigação. Em média, 12% dos professores das escolas secundárias públicas do Ohio utilizam regularmente computadores para ensinar competências académicas aos seus alunos, enquanto a maioria (88%) nunca ou raramente utiliza computadores no ensino na sala de aula.

A análise do nível de competência informática dos professores, em conjunto com o grau de utilização dos computadores, para o ensino de categorias de competências específicas produziu uma diminuição líquida. As proporções de professores com conhecimentos de informática que utilizam a tecnologia informática para ensinar aos seus alunos competências de resolução de problemas e de investigação diminuíram de 11% e 18% para 10% e 17%, respetivamente. Entretanto, a proporção dos que ensinam competências analíticas aumentou de 7% para 11%. Estes resultados mostram, de facto, que a falta de proficiência em informática limita seriamente o grau de integração dos computadores no currículo escolar de cada professor.

Acesso a computadores e utilização para instrução na sala de aula

Considerando que o acesso à tecnologia informática na sala de aula é um fator crítico na integração da tecnologia nos currículos escolares, este estudo concluiu que apenas 12% dos professores das escolas secundárias públicas do Ohio leccionam em salas de aula com cinco ou mais computadores e que três quintos dos professores trabalham em salas de aula com falta de tecnologia informática. Estes números são surpreendentes porque

A literatura disponível (Education Week: Technology Counts, 2008) indica que, no Ohio, o acesso a computadores nas escolas públicas é generalizado, tal como indicado pelo elevado rácio médio de alunos por computador de instrução de 3,5:1, mas os resultados deste estudo sugerem o contrário.

A contradição pode dever-se à forma plausível como o Estado ou as suas agências recolhem dados sobre a disponibilidade de computadores nas escolas públicas. A análise da disponibilidade de tecnologia informática nas escolas públicas do Ohio utilizou frequentemente dados obtidos predominantemente dos coordenadores de tecnologia e dos professores de tecnologia informática. Esses dados podem também incluir computadores utilizados por professores não discricionários em salas de aula de gestão e tecnologia, computadores utilizados por administradores, bem como computadores nos laboratórios de informática. Além disso, os inquéritos das agências estatais eram obrigatórios, o que poderia exercer pressão sobre os coordenadores de tecnologia das escolas e dos distritos, bem como sobre os administradores das escolas, o que, por sua vez, poderia influenciar os resultados. Tendo em conta uma média de 21 alunos por sala de aula, de acordo com este estudo, cada sala de aula do sistema de ensino público do Ohio deveria ter pelo menos sete computadores para os alunos. Pelo contrário, os dados sobre o acesso a computadores nas escolas secundárias públicas do Ohio para este estudo baseiam-se nos computadores disponíveis para utilização dos alunos, excluindo os computadores disponíveis nas empresas, nos centros de tecnologia informática e nos laboratórios de informática.

A análise de tabulação cruzada do acesso a computadores nas salas de aula e do grau de utilização de computadores pelos professores para o ensino em sala de aula revelou que uma pequena proporção (5%) dos professores trabalha em salas de aula com cinco ou mais computadores para alunos e utiliza computadores três a quatro vezes por semana ou diariamente. Por outro lado, quase metade dos inquiridos trabalha em salas de aula com falta de tecnologia. Além disso, uma análise de tabulação cruzada entre o acesso a computadores e o grau de utilização de computadores pelos professores para ensinar aos alunos competências de investigação, análise e resolução de problemas indicou que 4%, 3% e 3% dos participantes com acesso a computadores na sala de aula utilizam computadores para ensinar competências académicas aos alunos três a quatro vezes por semana ou diariamente. Em média, apenas 3% dos professores com acesso a computadores na sala de aula utilizam os computadores regularmente para ensinar competências académicas aos alunos. Estes resultados sugerem que a falta de acesso a um número suficiente de computadores nas salas de aula limita seriamente o grau de integração da tecnologia informática nos currículos escolares dos professores das escolas públicas do Ohio.

Para ter um impacto positivo nas práticas de ensino e nos resultados académicos dos alunos, o investigador esperava que os professores das escolas públicas do Ohio utilizassem os computadores nas suas aulas três a quatro vezes por semana ou diariamente. Caso contrário, qualquer utilização de computadores para instrução na sala de aula abaixo deste nível, por exemplo, utilizar computadores apenas uma ou duas vezes por semana, constitui uma subutilização extrema da tecnologia informática nas escolas secundárias públicas do Ohio. É certo que os professores não podem utilizar eficazmente uma tecnologia a que têm acesso limitado ou nulo, e muito menos integrar regularmente os computadores nos programas escolares.

As conclusões deste estudo mostram ainda que a falta de acesso a computadores adequados nas salas de aula restringe profundamente a utilização de computadores pelos professores no ensino nas escolas secundárias públicas do Ohio. Estes resultados coincidem com o que Martin e Shulman, (2006), relataram. Estes investigadores descobriram que os professores que dispunham de um maior número de computadores nas suas salas de aula utilizavam regularmente a tecnologia para a aprendizagem na sala de aula, mais do que os professores com menos ou nenhuns computadores nas suas salas de aula. À semelhança de outros decisores políticos em todo o país, os decisores políticos do Ohio têm gasto milhões de dólares em tecnologia informática nas escolas públicas todos os anos (Trotter, 2007), mas o grau de utilização dos computadores para o ensino na sala de aula é decepcionantemente baixo. Em 2000, a Ohio School Net

(2000) indicou que 80% dos professores inquiridos nas escolas públicas do Ohio afirmaram que nunca ou raramente utilizavam computadores para o ensino na sala de aula. Em 2007 e 2008, cerca de 70% dos professores das escolas públicas do Ohio ainda não utilizam regularmente computadores para o ensino na sala de aula (Education Week: Technology Counts, 2007, 2008). Outros estudos (NPEC, 2004; Combs, 2003; Becker, 2001) apresentaram resultados semelhantes, indicando que a utilização da tecnologia informática na sala de aula ainda não é generalizada nas escolas públicas dos Estados Unidos.

A falta de computadores adequados nas salas de aula das escolas secundárias públicas do Ohio prejudica seriamente a utilização da tecnologia informática pelos professores no ensino na sala de aula. Do mesmo modo, Norris et al. (2003) referiram que a utilização da tecnologia informática pelos professores era afetada negativamente pela falta de acesso à tecnologia na sala de aula. As conclusões deste estudo revelaram que a falta de acesso a computadores nas escolas secundárias públicas do Ohio é um fator limitativo importante para a utilização de computadores pelos professores no ensino na sala de aula, o que, por sua vez, pode afetar os resultados dos alunos.

Previsão da utilização de tecnologias informáticas para o ensino na sala de aula

Este estudo demonstrou que a falta de tecnologia informática corresponde a uma utilização limitada da tecnologia entre os professores do ensino secundário do Ohio. No entanto, estas semelhanças não estabelecem uma ligação definitiva entre a utilização de computadores nas salas de aula e o acesso à tecnologia informática nas salas de aula. A identificação de possíveis factores de previsão da utilização de computadores no ensino na sala de aula foi conseguida através de análises de regressão. Embora tenham sido examinados seis factores neste estudo, não houve uma justificação específica ou uma razão clara para selecionar estes factores específicos em vez de muitos outros factores ou conjuntos de factores possíveis (Norris, et al., 2003). As variáveis de previsão examinadas neste estudo foram simplesmente escolhidas com base na revisão da literatura e na curiosidade do investigador em saber se alguns ou todos os possíveis factores de previsão da utilização da tecnologia prevêem efetivamente essa utilização de computadores.

Os resultados indicaram que as regressões lineares múltiplas eram significativas e que as seis variáveis em conjunto explicam 41% da variação da população na utilização de computadores pelos professores para o ensino na sala de aula. Os preditores significativos, ordenados pelas magnitudes do seu poder de previsão, são o rácio aluno/computador na sala de aula, o nível atingido de proficiência em tecnologia informática, depois a perceção do valor do computador pelos professores e, por último, as atitudes dos professores em relação ao computador. A resistência à mudança e a localização dos computadores na escola não foram factores de previsão significativos da extensão da utilização de computadores pelos professores para o ensino na sala de aula. O rácio de alunos por computador na sala de aula é um dos principais factores de previsão da integração da tecnologia informática no ensino na sala de aula (Norris, et al., 2003; Matthew & Guarino, 2002; Becker, 2001). Vannatta e Fordham, 2004, e Albejadi (2000) referiram que o nível de proficiência em computadores atingido pelos professores é um fator de previsão da integração dos computadores no ensino e na aprendizagem na sala de aula. Becker e Albejadi também referiram que a atitude dos professores relativamente à utilização de computadores na aprendizagem era um fator de previsão da integração dos computadores no currículo escolar. Vannatta e Fordham também referiram que a perceção do valor do computador pelos professores era um fator de previsão significativo da utilização de computadores pelos professores no ensino na sala de aula.

A análise de regressão que utiliza dados com mais computadores na sala de aula, com um rácio melhorado de 5:1 entre alunos e computadores de ensino, foi significativa, com 51% da variância do grau de utilização da tecnologia informática pelos professores para o ensino na sala de aula explicada pela equação ou modelo de regressão. Os resultados deste estudo sugerem que os professores que trabalham em salas de aula com computadores adequados têm mais probabilidades de utilizar os computadores para a aprendizagem na sala de aula do que os seus colegas que não têm ou têm menos computadores nas suas salas de aula. Estes resultados estão de acordo com estudos anteriores (Becker, 2001; Smerdon, et al., 2000). Segundo Becker, os professores do ensino secundário que dispunham de cinco a oito computadores nas suas salas de aula tinham duas vezes mais probabilidades de dar aos seus alunos actividades de aprendizagem que envolviam a utilização do computador durante a aula do que os seus colegas com menos de quatro computadores nas suas salas de aula. Embora os resultados pareçam sugerir que, à medida que aumenta o número de computadores na sala de aula, aumenta também o grau de utilização de computadores pelos professores na instrução na sala de aula, isto não é um efeito causal.

Este estudo também constatou que existem computadores suficientes nos laboratórios de informática, conforme indicado pelo rácio aluno/computador de 1:1 nos laboratórios, em comparação com o rácio aluno/computador de 8:1 na sala de aula. No entanto, a magnitude do grau de utilização da tecnologia informática pelos professores para o ensino na sala de aula, prevista pelo rácio aluno/computador do laboratório de informática 1:1, foi muito inferior ao valor previsto pelo rácio aluno/computador da sala de aula (8:1). Estes resultados parecem sugerir que os professores das escolas públicas do Ohio subutilizam os computadores dos laboratórios de informática para o ensino na sala de aula. Por outras palavras, o impacto esperado da integração dos computadores na aprendizagem na sala de aula através da economia de escala na configuração dos laboratórios de informática não pode ser realizado. A utilização ineficaz dos muitos computadores existentes nos laboratórios deve-se provavelmente aos horários apertados dos laboratórios, que são muitas vezes estabelecidos com antecedência, o que restringe severamente o acesso aos computadores. Por conseguinte, a colocação de computadores num local centralizado, como os laboratórios de informática, não proporciona aos alunos uma maior oportunidade de adquirirem uma aprendizagem baseada no computador. Segundo Becker, ter computadores em laboratórios de informática não é rentável, sem qualquer economia de escala aparente. Os resultados deste estudo corroboram os resultados e a conclusão de Becker.

Análise das variáveis secundárias

A análise das utilizações secundárias ou funções não lectivas dos computadores pelos professores revelou que 88% dos professores utilizam regularmente os computadores como instrumento de gestão da sala de aula, 82% utilizam-nos como instrumento de comunicação e 55% utilizam-nos como instrumento de planeamento das aulas. Comparativamente, 42%, 37% e 25% dos professores das escolas públicas do Ohio utilizavam o computador para gestão, comunicação e planeamento das aulas, respetivamente (eTech Ohio, 2003).

A análise de regressão das variáveis secundárias mostrou que as utilizações secundárias dos computadores não eram factores de previsão significativos do grau de utilização da tecnologia informática pelos professores no ensino na sala de aula. Consequentemente, a hipótese do investigador de que os professores que utilizam amplamente a tecnologia informática para funções não lectivas também utilizam extensivamente os computadores para o ensino na sala de aula foi rejeitada.

Barreiras à integração de computadores na instrução na sala de aula

A análise da medida em que os professores das escolas públicas do Ohio estão a utilizar a tecnologia informática para o ensino e a aprendizagem na sala de aula não estaria completa sem saber o que os professores consideram os principais obstáculos à sua utilização dos computadores para a aprendizagem na sala de aula. Os inquiridos indicaram a falta de computadores nas salas de aula, a falta de tempo, a localização dos computadores na escola, o rácio aluno/computador de instrução na sala de aula, a idade dos computadores, o tempo de inatividade dos computadores e a falta de competências informáticas como principais obstáculos à utilização de computadores no ensino na sala de aula.

Falta de computadores na sala de aula

A disponibilidade de computadores ou o acesso a computadores nas salas de aula das escolas secundárias públicas do Ohio é um fator crítico na integração da tecnologia informática pelos professores no ensino e na aprendizagem na sala de aula. Sessenta por cento dos inquiridos indicaram que a falta de computadores nas suas salas de aula era o principal obstáculo à sua utilização generalizada de computadores numa base regular. Dez por cento referiram a inacessibilidade dos computadores nos laboratórios de informática e 9% expressaram-no em termos de um elevado rácio aluno/computador de instrução na sala de aula.

Rácio de alunos por computador na sala de aula

O rácio aluno/computador de instrução na sala de aula é um forte indicador do acesso dos alunos aos computadores nas salas de aula e um forte indicador do grau de utilização dos computadores pelos professores para a instrução na sala de aula e a aprendizagem dos alunos nas escolas públicas do Ohio. Este estudo demonstrou que os alunos e os professores das escolas secundárias públicas do Ohio não têm acesso a computadores adequados nas suas salas de aula. A falta de computadores nas salas de aula é indicada pelo baixo rácio (8:1) de alunos por computador de instrução, uma indicação de que não existem computadores adequados nas salas de aula das escolas secundárias públicas do Ohio. Este rácio é muito inferior ao rácio médio estadual de 3,5:1 entre alunos e computadores (Education Week: Technology Counts, 2008).

O nível perfeito de disponibilidade de computadores na sala de aula é quando o rácio aluno/computador de ensino é de 1:1. A disponibilidade de computadores na sala de aula ao nível de um rácio de 1:1 significa que cada aluno tem acesso ilimitado aos computadores durante a aprendizagem na sala de aula. Com este nível de acesso dos alunos à tecnologia informática, o campo de aprendizagem nas salas de aula está nivelado para todos os alunos. Significa que nenhum aluno perde tempo à espera da sua vez para utilizar um computador durante a atividade na sala de aula e que todos os alunos participam plenamente nas actividades de aprendizagem, na medida das suas capacidades. Num ambiente de sala de aula deste tipo, a utilização de computadores pelos professores para o ensino na sala de aula, pelo menos três a quatro vezes por semana ou diariamente, seria grandemente reforçada e a integração perfeita da tecnologia informática nos currículos escolares seria possível e omnipresente. A aprendizagem numa sala de aula com um rácio aluno/computador de instrução de 1:1 proporciona um ambiente de aprendizagem construtivista em que os alunos aprendem ao seu ritmo individual, o que terá certamente um impacto positivo no desempenho académico dos alunos (NPEC, 2004; Barron, et al., 2003; Norris et al., 2003).

A disponibilidade de computadores adequados na sala de aula, enquanto precursor da integração generalizada da tecnologia informática no ensino, é sublinhada pelos comentários dos participantes. Por exemplo, um inquirido escreveu: "Só tenho um computador na minha sala de aula; os laboratórios estão sempre cheios e é difícil conseguir aceder ao horário." Esta afirmação também sublinha a inacessibilidade e a subutilização dos computadores localizados nos laboratórios de informática para o ensino e a aprendizagem na sala de aula. Quando o rácio aluno/computador na sala de aula melhorou de 8:1 para 5:1, quando os professores com mais computadores nas suas salas de aula foram incluídos na análise, houve um aumento aparente no nível de utilização da tecnologia informática pelos professores no ensino na sala de aula. Os resultados parecem sugerir que os professores com um número adequado de computadores nas suas salas de aula eram mais susceptíveis de utilizar regularmente os computadores para a aprendizagem na sala de aula do que os professores com um número inadequado de computadores nas suas salas de aula. Estes resultados são consistentes com os relatados em estudos anteriores efectuados por outros investigadores (Norris, et al., 2003, Becker, 2001). Smerdon, et al., 2000), referiu que 98% de todos os professores que tinham computadores nas suas salas de aula utilizavam regularmente os computadores para a aprendizagem na sala de aula em grande medida, mas quase todos os professores que referiram não ter computadores nas suas salas de aula quase não utilizavam regularmente os computadores para a aprendizagem na sala de aula. Noutro estudo semelhante, Lanahan e Shieh, (2002) referiram que 65% dos professores com computadores e Internet disponíveis nas suas salas de aula

utilizavam regularmente computadores para dar aulas, em comparação com 38% dos professores que não tinham computadores nas suas salas de aula.

Localização dos computadores nas escolas

Este estudo mostrou que existe um número adequado de computadores nos laboratórios de informática, indicado pelo rácio elevado (1:1) de alunos por computador de instrução, em comparação com o rácio reduzido ou inexistente de computadores disponíveis nas salas de aula, indicado pelo rácio reduzido de alunos por computador de instrução de 8:1. Embora na análise de regressão a localização dos computadores nas escolas não tenha sido significativa, 10% dos professores citaram a localização dos computadores na escola como o principal obstáculo à sua utilização regular de computadores nas aulas. Além disso, 60% dos professores que sublinharam a importância da localização dos computadores na sala de aula também sublinharam a importância da localização dos computadores numa escola.

As percentagens são importantes porque, no seu conjunto, 70% dos professores afirmam que a localização dos computadores na sala de aula, de modo a que os professores possam aceder facilmente aos computadores em qualquer altura, por oposição à localização dos computadores nos laboratórios, onde o acesso é limitado, é altamente influente na utilização da tecnologia informática na aprendizagem. A importância da localização dos computadores na sala de aula é ainda evidenciada pelo elevado poder de previsão do rácio aluno/computador didático na sala de aula, em comparação com o baixo e negativo poder de previsão do rácio aluno/computador didático no laboratório de informática. De um modo geral, 79% dos inquiridos afirmaram que a falta de computadores adequados nas suas salas de aula era um obstáculo importante à utilização de computadores no ensino e na aprendizagem na sala de aula. Estes resultados são semelhantes aos registados por Norris et al. (2003) e Becker (2001).

A análise deste estudo indicou que era mais provável que os professores declarassem utilizar computadores regularmente nas suas práticas de sala de aula se tivessem acesso a um número adequado de computadores nas suas salas de aula do que se apenas tivessem acesso a computadores nos laboratórios de informática. Além disso, os professores com poucos ou nenhuns computadores nas suas salas de aula tinham mais probabilidades de "Concordar" ou "Concordar fortemente" que a falta de computadores na sala de aula era um grande obstáculo à integração da tecnologia informática nos currículos da sala de aula. Estes resultados coincidem com resultados semelhantes relatados por Martin e Shulman (2006).

Falta de tempo

Tal como referido em estudos anteriores (Norris, et al., 2003; CEO Forum 2001a, 2001b; Albejadi, 2000), a falta de tempo é um dos principais obstáculos à utilização generalizada de computadores pelos professores no ensino na sala de aula. Este estudo não é uma exceção, pois 10% dos professores referiram a falta de tempo como um dos principais factores que dificultam em grande medida a utilização de computadores no ensino na sala de aula. É de salientar que a falta de tempo é um fator complexo e multifacetado que afecta a integração dos computadores na aprendizagem na sala de aula. A falta de tempo para a integração dos computadores no ensino na sala de aula é um fator complexo de explicar com base nas perspectivas dos professores. Na sua explicação do tempo como um dos factores limitativos da utilização de computadores no ensino na sala de aula, diferentes professores mencionaram um aspeto diferente da "falta de tempo". Por exemplo, os 10% dos professores que citaram a falta de tempo como um obstáculo importante à sua utilização de computadores para o ensino na sala de aula incluem aqueles que citaram a "falta de tempo" devido ao curto período de aulas, à falta de tempo de exposição a novo software, ou à falta de tempo para preparar materiais didácticos.

A falta de tempo, na opinião dos professores, é agravada pelo facto de os professores estarem ocupados durante o dia a ensinar e a compreender funções não lectivas, como classificar trabalhos, preparar planos de aulas, comunicar com os pais ou mesmo aconselhar os alunos. Este horário preenchido deixa os professores sem tempo livre para se dedicarem a melhorar as suas competências informáticas para utilização na aprendizagem na sala de aula. Esta aparente falta de tempo, associada à falta de computadores nas salas de aula, culmina no baixo nível de utilização regular dos computadores na aprendizagem na sala de aula.

A era dos computadores e o tempo de inatividade

A idade dos computadores é um obstáculo à utilização regular dos computadores, porque os computadores antigos são lentos e podem não ser capazes de lidar com software mais recente que exija computadores mais rápidos. Como as escolas não têm meios para substituir os computadores, de dois em dois anos, aproximadamente, a maioria das escolas acaba por ter computadores mais antigos e quase obsoletos nas salas de aula e nos laboratórios de informática. A integração dos computadores nos currículos escolares diminui consideravelmente sem o acesso a computadores multimédia mais rápidos e adequados nas salas de aula. O tempo de inatividade dos computadores está inevitavelmente associado à idade dos computadores, uma vez que os computadores mais antigos são mais propensos a avariar do que os computadores novos e versáteis. Pode ser frustrante para os professores quando as redes informáticas se avariam e não há apoio técnico disponível. No entanto, os resultados deste estudo indicam que apenas uma pequena percentagem (3%) de professores citou o tempo de inatividade dos computadores como um grande obstáculo à sua utilização generalizada de computadores no ensino na sala de aula. Estes resultados sugerem que as escolas e os distritos escolares do Ohio fizeram progressos na redução do tempo de inatividade dos computadores (eTech Ohio, 2003).

Além disso, as escolas têm técnicos de tecnologia para garantir que os computadores nas escolas funcionam sempre bem; o elevado nível de competências em tecnologia informática que os professores possuem atualmente permite-lhes resolver problemas informáticos quando os computadores não funcionam durante o período de aulas (eTech Ohio). O grande número de professores com elevados níveis de competências informáticas pode ser a razão pela qual um número reduzido de professores mencionou o tempo de inatividade dos computadores e a falta de tempo como obstáculos à utilização dos computadores para a aprendizagem na sala de aula. Esta pode ser também a razão pela qual a falta de apoio técnico não se encontrava entre as barreiras citadas para afetar o grau de utilização da tecnologia informática pelos professores no ensino na sala de aula.

A boa notícia que emerge dessas descobertas é que a falta de CTPD não foi apontada como um dos obstáculos para a integração de computadores pelos professores no ensino em sala de aula nas escolas públicas de Ohio. Apenas 1,3% dos professores mencionaram a falta de CTPD como um obstáculo à sua utilização de computadores no ensino na sala de aula, em comparação com 77% dos professores que afirmaram ter recebido formação adequada em tecnologia informática e 83% que afirmaram ser atualmente competentes na utilização de tecnologia informática nas suas salas de aula.

Desenvolvimento profissional no domínio da tecnologia informática

O papel do CTPD na integração da tecnologia informática no ensino para enriquecer a aprendizagem dos alunos e as práticas de ensino é fundamental (MacDonald, 2008; Ringstaff & Kelley, 2002). O desenvolvimento profissional ajuda os professores a adquirir as competências informáticas necessárias para integrar a tecnologia nas suas práticas. No entanto, um CTPD eficaz tem de ser contínuo (Haughty, 2002) e sustentado durante um longo período, se se pretende ajudar os professores a adquirir competências informáticas e a saber quando e como integrar a tecnologia nos currículos escolares. Embora este estudo não tenha detectado a falta de CTPD no Ohio, outros estudos (CEO Forum, 2001a, 2001b; Smerdon, et al., 2000) citaram a falta de CTPD como um dos principais obstáculos à integração generalizada dos computadores no ensino na sala de aula. Cuban (2001) e Tearle (2003) argumentam que a falta de CTPD não é o principal obstáculo à utilização de computadores pelos professores na sala de aula, mas sim a pressão para integrar e manter a tecnologia informática nas salas de aula.

Para satisfazer as necessidades de cada professor, o CTPD no Ohio tem sido oferecido a vários níveis de proficiência - níveis de principiante e de profissional a nível distrital. Embora os seminários de um dia e os cursos ainda sejam utilizados para proporcionar desenvolvimento profissional, estes métodos são ineficazes porque não proporcionam um DTC contínuo (MacDonald, 2008). No Ohio, o modelo em linha é a nova adição à lista tradicional de modelos de DTC utilizados.

Em 2002, cerca de 52% dos professores das escolas públicas do Ohio tinham recebido CTPD na utilização geral do computador, 46% na utilização da Internet, 43% na aplicação de software, 45% na integração da tecnologia informática no ensino e 21% em periféricos multimédia (eTech Ohio, 2003). O mesmo relatório indicava também que 65% dos professores principiantes em informática no Ohio receberam formação CTPD na utilização do computador como produtividade, em comparação com 8% dos professores profissionais que receberam CTPD em utilizações avançadas da tecnologia informática.

A análise também demonstrou que esta população de professores tinha sido exposta a uma vasta gama de métodos através dos quais os participantes adquiriram as suas competências em tecnologia informática. Os métodos mais comuns foram a auto-formação, através da qual 85% dos professores adquiriram as suas competências informáticas; 65% foram ensinados através de formação entre pares, 49% através de CTPD e 38% através de formação universitária. No entanto, este estudo concluiu que 77% dos participantes afirmaram estar preparados ou altamente preparados para utilizar eficazmente os computadores no ensino na sala de aula, e 83% indicaram que eram proficientes ou altamente proficientes na utilização da tecnologia informática no ensino e na aprendizagem na sala de aula. Além disso, apenas 1,3% dos inquiridos afirmaram que a falta de CTPD era um obstáculo à integração rotineira dos computadores no ensino na sala de aula.

Becker (2000) e Smerdon, et al. (2000) relataram que a falta de formação em tecnologia informática era o maior obstáculo à integração da tecnologia informática na rotina de ensino dos professores na sala de aula. Apesar da elevada proficiência informática e das competências informáticas de quatro quintos e três quartos dos inquiridos, respetivamente, apenas cerca de 35% dos professores afirmaram utilizar regularmente os computadores nas suas aulas. Os resultados deste estudo, no entanto, apontam para o contrário, sugerindo que o baixo grau de utilização de computadores no ensino nas escolas secundárias públicas do Ohio tem mais a ver com a falta de computadores adequados nas salas de aula do que com a falta de competências informáticas e de desenvolvimento profissional dos professores.

Resistência à mudança

Valeu a pena investir neste estudo na resistência à mudança, ou na incapacidade deliberada de se adaptar ao ensino utilizando a tecnologia informática como ferramenta de ensino, porque afecta negativamente o grau de utilização do computador pelos professores no ensino na sala de aula. A análise dos dados deste estudo revelou que a resistência dos professores à utilização de computadores no ensino na sala de aula não era um fator de previsão do grau de utilização de computadores pelos professores no ensino na sala de aula. A resistência ao uso da tecnologia informática é uma expressão externa de caraterísticas internas, tais como atitude negativa e baixa perceção do valor do computador na aprendizagem. Neste estudo, essas duas caraterísticas foram preditores significativos do grau de utilização da tecnologia informática pelos professores no ensino e na aprendizagem em sala de aula. Esta constatação sugere que os dois construtos eram positivos, o que foi provavelmente a razão pela qual a resistência, nesta análise, não foi um fator de previsão da utilização de computadores pelos professores na aprendizagem na sala de aula. Esta conclusão é contrária à relatada por Vannatta e Fordham (2004), segundo a qual a resistência à mudança era um grande obstáculo à utilização efectiva dos computadores no ensino e na aprendizagem na sala de aula.

Os professores podem resistir à integração de computadores por uma série de razões, incluindo a falta de formação, que por sua vez pode provocar medo (Rogers, 2003) ou porque a tecnologia ou inovação não se enquadra bem nas crenças pedagógicas dos professores (Martin & Shulman, 2006) ou nas responsabilidades e exigências diárias da profissão docente. Por conseguinte, para ultrapassar essa resistência, é necessário que um professor resistente à tecnologia faça um esforço deliberado e concertado para efetuar ajustamentos pedagógicos para utilizar os computadores na aprendizagem na sala de aula. Neste estudo, a maioria dos professores afirma ter formação e competência para utilizar os computadores na aprendizagem na sala de aula. À medida que mais professores utilizam computadores e os que resistem vêem a utilidade do computador como ferramenta de aprendizagem, desenvolvem atitudes positivas em relação à utilização do computador na aprendizagem, o que, por sua vez, reduz a resistência à utilização do computador na aprendizagem na sala de aula. Esta pode ser a razão pela qual, no passado, a resistência à utilização do computador era considerada um obstáculo à integração da tecnologia na aprendizagem na sala de aula.

Implicações

Implicações práticas

Neste estudo, a maioria dos professores pertence à categoria dos não utilizadores de computadores. Este grupo é composto por professores que não utilizam a tecnologia no ensino na sala de aula (não utilizadores) e por aqueles que raramente ou apenas ocasionalmente utilizam a tecnologia no ensino na sala de aula (principiantes). O estudo mostrou que apenas uma pequena percentagem (3%) dos professores adoptou e integrou totalmente os computadores no ensino na sala de aula, pelo menos três a quatro vezes por semana ou diariamente. De um modo geral, os professores dos liceus públicos do Ohio não utilizam regularmente as tecnologias informáticas para o ensino na sala de aula e para o ensino de competências específicas como a resolução de problemas, a comunicação para fins de investigação e as competências analíticas aos seus alunos. Consequentemente, o impacto da tecnologia informática no desempenho académico dos alunos ainda está por perceber. Outros investigadores, como Hennessy, Ruthven e Brindley (2005), referiram que poucos professores adoptaram e integraram a tecnologia informática de forma a fazer a diferença na aprendizagem dos alunos.

A maioria dos professores das escolas públicas do Ohio recebeu a formação necessária e atingiu níveis elevados de proficiência em tecnologias informáticas. Têm também atitudes positivas em relação à utilização do computador no ensino, uma perceção positiva do valor do computador e pouca ou nenhuma resistência à utilização do computador na aprendizagem na sala de aula. Uma vez que todos estes factores favorecem a utilização do computador na instrução em sala de aula, o baixo grau de utilização do computador pelos professores na instrução em sala de aula pode ser atribuído à grave falta de acesso a computadores adequados nas escolas secundárias públicas do Ohio e não a caraterísticas internas. Mais professores indicaram que estão bem preparados e são competentes para integrar a tecnologia informática do que os registados anteriormente pela eTech Ohio (2003). Isto sugere que as abordagens pragmáticas para responder às necessidades dos professores em matéria de CTPD parecem estar a funcionar. Por conseguinte, os decisores políticos do Ohio devem concentrar-se em manter a melhoria da formação e do desenvolvimento profissional dos professores no estado. Isto porque, tal como este estudo e outros (Norris, et al., 2003;

Barron, et al., 2003) demonstraram, o nível atingido de competências informáticas ou de proficiência informática é um fator limitativo sério para a integração generalizada da tecnologia informática nos currículos escolares.

No entanto, este estudo revelou que os professores das escolas públicas do Ohio não estão a utilizar plenamente a tecnologia informática para o ensino e a aprendizagem na sala de aula. Apenas 3% de todos os professores proficientes utilizam computadores ao nível esperado de, pelo menos, três a quatro vezes por semana ou diariamente, numa base regular. Uma vez que os professores que utilizam regularmente as tecnologias informáticas para a aprendizagem na sala de aula são uma minoria, o impacto positivo esperado das tecnologias informáticas nas práticas de ensino e nos resultados dos alunos pode não se concretizar. Um número desproporcionadamente elevado de professores das escolas secundárias públicas do Ohio, que têm acesso a computadores, utilizam regularmente os computadores para funções não lectivas, como a gestão da turma, o planeamento das aulas e a comunicação.

Comparativamente, neste estudo, 88% dos professores utilizam os computadores para gerir os registos e as notas das turmas, 82% utilizam a tecnologia para comunicar por correio eletrónico com os colegas e os pais dos alunos, 50% utilizam os computadores para criar planos de aula, enquanto 55% utilizam a tecnologia para pesquisar na Internet novos métodos ou materiais de aprendizagem. Um estudo nacional (NPEC, 2004) indicou que 39% de todos os professores do ensino secundário com acesso a computadores e à Internet nas suas salas de aula utilizam os computadores para criar materiais didácticos, enquanto 10% utilizam regularmente a tecnologia para preparar planos de aula. O eTech Ohio (2003) apresentou conclusões semelhantes sobre a utilização generalizada de computadores para a realização de funções não didácticas a um nível mais elevado do que a utilização dos computadores para instrução na sala de aula entre os professores das escolas secundárias públicas do Ohio.

A proficiência em tecnologia informática, as atitudes positivas em relação ao computador e a perceção do valor do computador são factores internos importantes que influenciam grandemente um nível elevado e sustentado de utilização da tecnologia informática na aprendizagem na sala de aula. Por conseguinte, devem ser postos em prática planos adequados para manter o elevado nível de CTPD já atingido no Estado. Devido à grave falta de um número adequado de computadores nas escolas secundárias públicas do Ohio, os recursos devem ser direcionados para melhorar o acesso aos computadores nas salas de aula em todo o estado. Além disso, a menos que haja computadores adequados nas salas de aula das escolas públicas, ao nível de um rácio de 1:1 aluno por computador, a integração omnipresente e contínua dos computadores nos currículos escolares nunca poderá ser realizada. Além disso, a grave falta de computadores nas escolas públicas do Ohio não permitirá melhorar os resultados académicos dos alunos. *Implicações políticas*

A utilização generalizada de computadores pelos professores no ensino na sala de aula exige o desenvolvimento de políticas que respondam às necessidades dos professores em matéria de utilização de tecnologias informáticas na aprendizagem na sala de aula. Tais políticas informadas dependem de um conjunto de investigação empírica sobre a integração da tecnologia informática nas escolas públicas. A informação sobre a disponibilidade e a integração da tecnologia informática nas escolas públicas do Ohio provém de estudos efectuados pelo Estado. Estes estudos referem frequentemente o acesso fácil a computadores ou a disponibilidade de computadores adequados nas salas de aula do ensino básico e secundário do Ohio. Pelo contrário, o presente estudo demonstrou que existe uma grave falta de acesso a computadores adequados nas escolas secundárias públicas do Ohio. Como este estudo sugere, os decisores políticos precisam de reexaminar os procedimentos de recolha de dados para estudos patrocinados pelo Estado sobre a integração da tecnologia informática nas escolas públicas do Ohio. Isto porque os dados sobre a integração da tecnologia informática nas escolas públicas do Ohio incluem computadores utilizados nas salas de aula de gestão e de tecnologia informática, computadores utilizados pelos administradores, bem como computadores nos laboratórios de informática, o que pode dar uma falsa ideia do nível de computadores disponíveis nas salas de aula. Embora este estudo tenha demonstrado que existem computadores adequados nos laboratórios de informática (com uma média de 20 a 25 computadores num laboratório) nas escolas secundárias públicas do Ohio, estes computadores não estão prontamente disponíveis para utilização nas aulas sempre que os professores os queiram utilizar, devido à programação dos laboratórios de informática com bastante antecedência. Por conseguinte, os decisores políticos e os administradores escolares têm de reavaliar as economias de escala a longo e a curto prazo da utilização dos laboratórios de informática.

Este estudo contribuiu para o conjunto da literatura a partir da qual os decisores políticos podem obter informações essenciais para tomar decisões informadas relativamente à utilização da tecnologia informática para a aprendizagem e a instrução nas escolas. O estudo fornece informações actuais sobre o acesso a computadores nas salas de aula, a disponibilidade de tecnologia informática e a situação geral da utilização da tecnologia informática nas escolas públicas do Ohio. Os resultados deste estudo podem ajudar os educadores e os decisores políticos do Ohio a analisar seriamente a questão de saber por que razão a maioria dos professores das escolas secundárias públicas do Ohio não está a utilizar amplamente os computadores na aprendizagem na sala de aula. Com base nas conclusões deste estudo, os decisores políticos e os educadores do Ohio devem concentrar-se em melhorar a disponibilidade de computadores nas salas de aula até ao nível de um rácio aluno/computador de 1:1 na sala de aula. Este nível de disponibilidade de computadores pode levar a uma utilização generalizada de computadores para o ensino na sala de aula, e talvez o impacto da tecnologia informática no desempenho dos alunos possa começar a surgir.

Este estudo mostrou que os professores do Ohio não estão a utilizar os computadores da melhor forma possível para implementar os currículos escolares a um nível que possa influenciar os resultados da aprendizagem. O grau de utilização da tecnologia informática que o investigador esperava que os professores das escolas secundárias do Ohio utilizassem, e que é considerado suficiente para ter impacto na aprendizagem dos alunos, é a utilização diária dos computadores pelos professores, ou pelo menos três a quatro vezes por semana numa base regular. Obviamente, os professores com computadores adequados nas suas salas de aula utilizam os computadores com mais frequência para dar aulas do que os professores com poucos ou nenhuns computadores nas suas salas de aula. A existência de computadores adequados nas salas de aula, ao nível de um aluno por computador, permitiria nivelar as condições de aprendizagem, o que poderia levar a uma utilização eficaz da tecnologia informática para um melhor desempenho académico dos alunos. Este estudo mostrou que as escolas têm computadores suficientes nos laboratórios de informática, tal como indicado pelo baixo rácio aluno/computador de instrução de 1:1 nos laboratórios, em comparação com o rácio aluno/computador de 8:1 na sala de aula determinado neste estudo. No entanto, o pequeno poder de previsão do rácio aluno/computador no laboratório de informática refuta a premissa de que a colocação de computadores num local central, como os laboratórios de informática, leva a uma utilização eficaz dos computadores por todos os professores.

Uma vez que foram investidos milhares de milhões de dólares na integração da tecnologia informática nas escolas públicas, as conclusões deste estudo são de grande interesse para os decisores políticos e para os educadores do Ohio. A falta de utilização generalizada de computadores nas escolas públicas significa que os milhares de milhões de dólares de impostos públicos são gastos em tecnologia subutilizada. A utilização mínima da tecnologia sugere que os contribuintes do Ohio não estão a obter um retorno suficiente do dinheiro público investido em tecnologia informática nas escolas públicas. Quando as pessoas sabem que o seu dinheiro suado é gasto em tecnologia informática sem retorno suficiente, o seu apoio à aprovação da taxa escolar pode diminuir; no entanto, essas fontes de financiamento escolar local, especialmente em tempos económicos difíceis, são fundamentais.

Recomendações para investigação futura

Os factores analisados neste estudo não são, de modo algum, os únicos que influenciam o grau de utilização da tecnologia informática pelos professores no ensino na sala de aula. São necessários mais estudos de investigação para identificar outros factores que influenciam as decisões dos professores de utilizar ou não utilizar computadores no ensino na sala de aula. Além disso, mais estudos que investiguem a dinâmica subjacente aos factores internos e externos que afectam a utilização da tecnologia informática pelos professores forneceriam informações essenciais sobre a integração da tecnologia informática na sala de aula.

A investigação futura deve também analisar as melhores formas de promover métodos disponíveis, fiáveis e eficazes de desenvolvimento profissional informático, tais como métodos de auto-formação e de formação pelos pares, tanto a nível escolar como distrital. Estes métodos podem ser eficazes para dotar os professores das competências tecnológicas informáticas adequadas, se a formação for adaptada para ir ao encontro de cada professor nos seus pontos de necessidade tecnológica. Um outro fator que leva a mais investigação é a falta de tempo. Os estudos futuros devem centrar-se na forma como as várias facetas da "falta de tempo" afectam direta ou indiretamente o grau de utilização do computador pelos professores no ensino na sala de aula. São necessários estudos que acompanhem o grau de utilização da tecnologia informática pelos professores em relação à melhoria do acesso aos computadores na sala de aula, desde a média atual de 8:1 até ao rácio ideal de 1:1 aluno/computador de alta velocidade, e a forma como isso se traduziria no desempenho académico dos alunos.

Lições aprendidas

Para além das lições académicas adquiridas com o processo de investigação, há algumas outras lições que o investigador aprendeu no decurso desta investigação. Nas fases iniciais do processo de recolha de dados, foi necessário pedir autorização aos diretores das escolas selecionadas. Este foi o momento mais difícil de todo o processo de investigação. Foi difícil entrar em contacto com os diretores das escolas, porque ou estavam numa reunião, ou não estavam disponíveis para atender a chamada, ou estavam fora do escritório. Sempre que o investigador não conseguia contactar o diretor, era deixada uma mensagem no correio de voz do diretor. Além disso, era enviado ao diretor um e-mail de acompanhamento explicando o objetivo do telefonema. No entanto, o investigador aprendeu rapidamente que os diretores das escolas geralmente não respondiam às chamadas, mesmo quando era deixada uma mensagem nos atendedores de chamadas ou no correio eletrónico. O investigador também aprendeu rapidamente que a melhor altura para telefonar aos diretores das escolas era entre as 9 e as 11 horas da manhã, e pouco depois do fim do dia escolar.

Alguns diretores de escolas foram receptivos, enquanto outros nem sequer deram ao investigador a oportunidade de explicar o objetivo do estudo e os seus potenciais benefícios para a escola. Outros recusaram que os seus professores participassem na investigação porque os professores estavam a participar num inquérito sobre tecnologia exigido pelo Estado, estavam prestes a fazê-lo ou tinham acabado de o fazer.

No entanto, o investigador considerou estranho e surpreendente constatar que os diretores das escolas não estavam receptivos à investigação sobre a utilização de tecnologias informáticas nas suas escolas, uma vez que as escolas participantes poderiam beneficiar destes estudos.

Os diretores das escolas saberiam qual o seu desempenho em termos de acesso e integração da tecnologia informática nas suas próprias escolas, em comparação com as outras escolas.

Apesar de todos os obstáculos, o investigador estava determinado e concentrado em obter autorização, sem a qual não poderia avançar nesta investigação. A autorização acabou por ser obtida junto de 59 diretores de escolas. Para mim, a persistência, a paciência e as orações foram os pilares da minha força motriz interna para prosseguir e concluir este estudo de investigação, independentemente de tudo o que me aparecesse pela frente. As outras lições importantes vieram da forma como alguns inquiridos apresentaram o seu próprio dilema ao tornarem-se utilizadores ou profissionais experientes da tecnologia informática. Uma dessas lições inspiradoras veio de um professor que escreveu: "A minha falta de conhecimentos sobre a utilização de computadores e a facilidade de utilização e configuração de computadores para instrução na sala de aula são o meu maior obstáculo à integração de computadores para aprendizagem na minha sala de aula." Esta resposta sincera é louvável porque é preciso muita coragem para ser tão honesto, especialmente quando a reputação de alguém está em jogo. Este inquirido em particular poderia facilmente ter posto as culpas em alguém ou noutra coisa qualquer. Um professor assim merece toda a assistência disponível da escola para o ajudar a adquirir as competências informáticas necessárias para ser um profissional eficaz da tecnologia informática na sala de aula. Para mim, a honestidade deste participante desafiou-me a perguntar-me se eu teria sido tão corajoso e honesto naquela situação.

Conclusões

O estudo concluiu que a maioria dos professores dos liceus públicos do Ohio tinha conhecimentos de informática, mas a disponibilidade de um número adequado de computadores nas salas de aula é insuficiente. De acordo com o estudo, apenas 12% dos professores trabalham em salas de aula com cinco ou mais computadores para utilização dos alunos, em comparação com 50% dos professores que trabalham em salas de aula com falta de tecnologia informática. Este estudo apresenta uma imagem mais realista do acesso aos computadores nas escolas secundárias públicas do Ohio porque os dados sobre os computadores disponíveis nas salas de aula não incluíam os computadores utilizados nas salas de aula de gestão e tecnologia, os computadores utilizados pelos administradores escolares e os computadores para uso dos professores.

Para além disso, os dados dos coordenadores de tecnologia informática e dos diretores das escolas, que são as principais fontes de dados para os estudos sobre tecnologia informática nas escolas públicas exigidos pelo Estado. Devido à falta de acesso a computadores adequados nas salas de aula, apenas 3% dos professores (todos os professores com conhecimentos de informática) utilizaram regularmente a tecnologia informática para a aprendizagem na sala de aula. Por conseguinte, a falta de computadores nas salas de aula é um fator limitativo grave para a integração perfeita da tecnologia informática no ensino na sala de aula. Embora não seja causal, à medida que o número de computadores na sala de aula aumenta, a utilização de computadores pelos professores para a aprendizagem na sala de aula parece aumentar. Este aumento pode continuar até que o rácio aluno/computador na sala de aula atinja 1:1 e, em seguida, pode estabilizar. O rácio de um aluno por computador é o nível ideal de acesso à tecnologia informática, um nível que nivela o terreno de aprendizagem, onde os alunos podem participar igualmente na aprendizagem com a tecnologia, com o professor como facilitador.

De acordo com os resultados do estudo, o rácio aluno/computador na sala de aula, o nível de proficiência informática atingido pelos professores, a perceção do valor dos computadores na educação e as atitudes dos professores em relação à utilização de computadores no ensino na sala de aula são factores de previsão significativos da utilização de computadores pelos professores no ensino na sala de aula. Cada um destes factores teve algum impacto na utilização de computadores pelos professores na aprendizagem na sala de aula, mas a interação entre estes factores influencia grandemente a utilização de computadores pelos professores na aprendizagem na sala de aula.

Além disso, os professores com computadores adequados nas suas salas de aula utilizam a tecnologia informática de forma mais rotineira para o ensino na sala de aula do que os professores que não têm computadores nas suas salas de aula ou que apenas têm acesso a computadores

nos laboratórios. Enquanto os professores das escolas públicas do Ohio não dispuserem de computadores adequados nas salas de aula, não só o grau de utilização dos computadores para o ensino na sala de aula continuará a ser mínimo, na melhor das hipóteses, como também o potencial impacto da tecnologia nas práticas de ensino e nos resultados dos alunos poderá não ser plenamente realizado. Os computadores localizados nos laboratórios de informática das escolas públicas do Ohio são subutilizados na aprendizagem na sala de aula devido à natureza restritiva da programação dos laboratórios de informática. Por último, os professores das escolas públicas do Ohio consideram que a falta de tempo, a idade dos computadores nas salas de aula e a falta de computadores nas salas de aula são os principais obstáculos à integração generalizada da tecnologia informática na aprendizagem na sala de aula.

REFERÊNCIAS

Ainley, J., Bank, D., & Fleming, M. (2002). A influência das TI: Perspectivas de cinco escolas australianas. *Journal of Assisted Learning, 18*, 395404.

Albejadi, M. A. (2000). *Factores relacionados com a adoção da Internet pelos professores das escolas públicas do Ohio.* Dissertação não publicada, Universidade de Ohio, Atenas.

Albion, P. R. (2001). Alguns factores no desenvolvimento de crenças de auto-eficácia para a utilização do computador entre estudantes de formação de professores. *Journal of Technology and Teacher Education, 9* (3), 321-347.

Angrist, J., & Lavy, V. (2002). New evidence on classroom computers and pupil learning. *Jornal Económico, 112*(482), 735-765.

Ansell, S. E., & Park, J. (2003, 8 de maio). Tracking Technology Trends. *Semana da Educação: Technology Counts.* Recuperado em 28 de fevereiro de 2007, de

http://counts.edweek.org/sreports/tc03/article.cfm?slug=35tracking.h22

Barron, A. E., Kemker, K., Harmes, C., & Kalaydjian, K.(2003). Estudo de investigação em grande escala sobre tecnologia nas escolas do ensino básico e secundário: A integração da tecnologia no que respeita às normas tecnológicas nacionais. *Journal of Research on Technology in Education, 35*(4), 489-507.

Bebell, D., Russell, M., & O'Dwyer, L. (2004). Measuring teachers' technology uses: Why multiple-measures are more relevant. *Journal of Research on Technology in Education, 37*(1), 45-63.

Becker, H. J. (2000). *Resultados do inquérito sobre o ensino, a aprendizagem e a informática: Terá Larry Cuban razão?* Documento apresentado na Conferência de Liderança em Tecnologia Escolar do Conselho de Diretores de Estado, Washington, DC.

Becker, H. J. (2001). *How are teachers using computers in instruction?* Documento apresentado na Reunião Anual da Associação Americana de Investigação Educacional, Seattle, WA. Obtido em 1 de junho de 2006, de

http://www.crito.uci.edu/tlc/FINDINGS/special3

Blackman, S., Hild, T, J., & Wilson-McLaughlin, D. (2002). *"Technology breakdown":*

Factores que afectam a utilização de computadores na sala de aula pelos professores. Relatório de Investigação EDT 896, Iona College.

Bussey, J. M., Dormody, T. J., & VanLeeuwen, D. (2000). *Alguns factores que prevêem a adoção da educação tecnológica nas escolas públicas do Novo México* [Versão eletrónica]. Recuperado de http://scholar.lib.vt.edu/ejournals/JTE/v12n1/pdf/bussey.pdf

Carter, D. S. G., & Leeh, D. J. K. (2001). *Validating behavioral change: A perceção dos professores e a utilização das TIC em Inglaterra e na Coreia.* (ERIC Document Reproduction Service No. 460133).

Cattagni, A., & Farris, E. (2001). *Estatísticas em resumo: Internet access in* United States' *public schools and classrooms: 1994-2000* (Report No. NCES 2001-071). Obtido do Centro Nacional de Estatísticas da Educação: http://nces.ed.gov/pubs2001/2001071.pdf

Fórum dos Diretores Executivos sobre Educação e Tecnologia. (2000). *Relatório sobre a tecnologia e a preparação das escolas.* Obtido de

http://www.ceoforum.org/downloads/report3.pdf

Fórum dos Diretores Executivos sobre Educação e Tecnologia. (2001a). *A tecnologia da educação deve ser incluída numa legislação abrangente em matéria de educação.* Retirado de http://www.ceoforum.org/downloads/forum3.pdf

Fórum dos Diretores Executivos sobre Educação e Tecnologia (2001b). *School technology and readiness report: Key building blocks for student achievement in the 21st century: Avaliação, alinhamento, responsabilidade, acesso e análise.* Obtido de

http://www.ceoforum.org/downloads/forum4.pdf

Cohen, J., & Cohen, P. (1983). *Applied multiple regression/correlation analysis for the behavioral sciences* (2nd Ed.). Hillsdale, NJ: Lawrence Erlbaum Associates.

Cohen, J. (1988). *Statistical Power Analysis for the Behavioral Sciences.* Hillsdale, NJ: Lawrence Erlbaum Associates.

Combs, M. A., Jr. (2003). *Uso do computador entre educadores do ensino médio: Relacionando a capacidade dos professores, crenças e uso em sala de aula.* Dissertação não publicada, Fordham University, Nova Iorque.

Cuban, L. (2001). *Oversold and underused: Os computadores na sala de aula.* Cambridge, MA: Harvard University Press.

Culp, K. M., Honey, M., & Mandinach, E. (2003). *Uma retrospetiva de vinte anos de política de tecnologia da educação.* Recuperado de http://www.ed.gov/rschstat/eval/tech/20years.pdf.

Czaja, R., & Blair, J. (1996). *Designing survey: A guide to decisions and procedures.* Thousand Oaks, CA: Pine Forge Press.

Daniel, P. T. K., & Nance, J. P. (2002). The role of the administrator in instructional technology policy (O papel do administrador na política de tecnologia de ensino). *BYU Education and Law Journal, 2,* 211-225.

Dennis E., Hinkle, D. E., Wiersma, W., Stephen, G., & Jurs, S. G. (2003). *Applied statistics for the behavioral sciences* (5th Ed.). Boston, MA: Houghton Mifflin.

Dusick, D. M., & Yildirim, I. S. (2000). Utilização de computadores e necessidades de formação dos docentes: Identificação das necessidades dos distritos para diferentes populações. *Community College Review, 27*(4), 33-48.

Semana da Educação: Technology Counts (2008, 8 de maio). Tecnologia do Estado de Ohio

Relatório. Obtido em 16 de junho de 2008, de

http://www.edweek.org/media/ew/tc/2008/30OH_STR2008.h27.pdf

Semana da Educação: Technology Counts (2007). A Digital Decade: State Technology Report. Recuperado em 29 de março de 2007, de http://www.edweek.org/go/tc07

*Semana da Educação: Technology Counts (*Suplemento). (2006). Tecnologia do Estado

Relatório. Obtido em 10 de fevereiro de 2006, de

http://www.edweek.org/media/ew/tc/2006/35tr.oh.h25.pdf

Semana da Educação: Technology Counts (2005, 5 de maio).Tracking United States

Tendências. Obtido em 1 de fevereiro de 2007, de

http://www.edweek.org/ew/articles/2005/05/05/35tracking.h24.html

Semana da Educação: Technology Counts (2004, 6 de maio). Global Links: Lessons from the World. Recuperado em 23 de dezembro de 2005, de http://www.edweek.org/media/ew/tc/archives/TC04full.pdf

Semana da Educação: Technology Counts (2003). Access to Technology.

Obtido em 16 de janeiro de 2004 de

http://www.edweek.org/media/ew/tc/archives/TC03full.pdf

Erdfelder, E., Faul, F., & Buchner, A. (1998). G*POWER 2: Um programa geral de análise de potência (Versão 2.0) [Software]. Obtido em 10 de maio de 2006, de http://www.psycho.uni-duesseldorf.de/aap/projects/gpower

eTech Ohio (2003). Relatório da Avaliação Bienal da Tecnologia Educativa (BETA).

Inquérito aos professores: Comparação das respostas do estado do Ohio de 2002 e 2000.

Obtido em 30 de setembro de 2006, em http://www.etech.ohio.gov/ go/beta eTech Ohio (2008). Tecnologia do Ohio para a aprendizagem. Disponível em

http://www.etech.ohio.gov/resources/index.jsp

Franklin, T. (1999). *O acesso do professor ao computador, o acesso do aluno ao computador, os anos de experiência de ensino e o desenvolvimento profissional como factores de previsão da competência dos alunos das escolas públicas do ensino básico e secundário nas normas nacionais de tecnologia educativa.* Dissertação de doutoramento não publicada, Ohio University, Athens.

Fuchs, T., & Woessmann, L. (2004). *Computadores e aprendizagem dos alunos: Bivariate and multivariate evidence on the availability and use of computers at home and at school.* Retirado de http://www.cesifo-group.de/~DocCIDL/cesifo1_wp1321.pdf

Fulton, K. (2000). *Como as crenças dos professores sobre o ensino e a aprendizagem se reflectem na sua utilização da tecnologia.* Trabalho apresentado na Conferência Internacional sobre Aprendizagem e Tecnologia, Temple University, Filadélfia, PA.

Gay, L. R., & Airasian, P. (2003). *Education research competencies for analysis and applications* (7th Ed.).Upper Saddle River, NJ: Merrill Prentice Hall.

Glass, G. V. (2000). *Meta-análise aos 25 anos.* Disponível em http://glass.ed.asu.edu/gene/papers/meta25.html

Granger, C.A., Morbey, M. L., Lotherington, H., Owston, R. D., Wideman,

H. H. (2002). Factores que contribuem para o êxito da implementação das TI pelos professores. *Journal of Computer Assisted Learning, 18*, 480488. Green, S. B., & Salkind, N. J. (2003). *Using SPSS for windows and Macintosh: Analyzing and understanding data* (3rd Ed.). Upper Saddle River, NJ: Prentice Hall.

Hennessy, S, Ruthven, K., & Brindley, S. (2005). Teacher Perspective on Integrating ICT into Subject Teaching: Commitment, Constraints, Caution, and Change. *Journal of Curriculum Studies, 35*(2), 155-192.

Hill, J. R., Reeves, T. C., & Heidemeier, H. (2000). Ubiquitous computing for teaching, learning, and communicating: Trends, issues, and recommendations. Obtido de

http://lpsl.coe.edu/Projects/AALaptop/pdf/ubiquitouscomputing.pdf

Hogarty, K. Y., Lang, T. R, & Kromrey, J. D. (2003). Um outro olhar sobre a utilização da tecnologia nas salas de aula: O desenvolvimento e validação de um instrumento para medir as percepções dos professores. *Educational and Psychological Measurement, 63*(1), 139-162.

Honey, M. (2001). *Testemunho perante o subcomité de Apropriação do Trabalho, HHS e Educação, Senado* dos Estados Unidos*, 25 de julho de 2001*. Obtido em 6 de junho de 2005, de

http://main.edc/newroom/features/mhtestimony.asp

Sociedade Internacional para a Educação Tecnológica [ISTE] (2008). Disponível em http://www.iste.org/Content/NavigationMenu/Publications/

Karolyn, L. A. & Pains, C. W. A. (2004). *O século XXI no trabalho: Forças que moldam a força de trabalho e o local de trabalho futuros nos Estados Unidos*

(Relatório RAND: 2004).Obtido em 14 de outubro de 2006, de

http://www.rand.org/pubs/monographs/2004/RAND_MG164.pdf

Kleiner, A., & Farris, E. (2002). *Internet access in* United States' *public schools and classrooms: 1994-2001*(Report No. NCES 2002-018). Obtido do Centro Nacional de Estatísticas da Educação: http://nces.ed.gov/pubs2002/2002018.pdf

Kleiner, A., & Lewis, L. (2003). *Internet access in* United States' *public schools and classrooms: 1994-2002* (Relatório nº NCES 2004-011). Obtido do Centro Nacional de Estatísticas da Educação: http://nces.ed.gov/pubs2004/2004011.pdf

Knezek, G., & Christensen, R. (1997). *Questionário sobre as atitudes dos professores em relação aos computadores.* Obtido de http://www.iittl.unt.edu/IITTL/publications/studies2b/tac32a.pdf

Kozma, R. B. (2003). Tecnologia e práticas na sala de aula: Um estudo internacional. *Journal of Research on Technology in Education, 36*(1), 1-14.

Lanahan, L., & Boysen, J. (2005). *Tecnologia informática na sala de aula do ensino público: Teacher perspectives. Resumo da questão* (Relatório n.º NCES 2005-083). Obtido do Centro Nacional de Estatísticas da Educação: http://nces.ed.gov/pubs2005/2005083.pdf

Lanahan, L., & Shieh, Y. (2002). *Para além do acesso à Internet a nível da escola: Apoio à utilização pedagógica da tecnologia. Resumo da questão* (Relatório nº NCES 2002-029). Obtido do Centro Nacional de Estatísticas da Educação: http://nces.ed.gov/pubs2002/2002029.pdf

Law, N., Lee, Y., & Chow, A. (2002). Practice characteristics that lead to 21st century learning outcomes. *Journal of Computer Assisted Learning, 18*, 415-426.

Leech, N. L., Barrett, K. C., & Morgan, G. A. (2005). SPSS for Intermediate Statistics: Use and Interpretation, (2nd Ed). Lawrence Erlbaum Associates, Publishers, Mahwah, NJ.

Lemke, M., & Gonzales, P. (2006). United States' *student and adult performance on international assessments of educational achievement: Findings from the condition of education 2006* (Relatório n.º NCES 2006-073). Retirado do Centro Nacional de Estatísticas da Educação: http://nces.ed.gov/pubs2006/2006073.pdf

MacDonald, R. J. (2008). Desenvolvimento profissional para a integração das tecnologias da informação e da comunicação: Identifying and Supporting a Community of Practice through Design-Based Research. *Journal of Research on Technology in Education, 40(4),* pp. 429-445.

Maddin, E. A. (2002). *Factores que influenciam a integração da tecnologia no ensino básico*. Dissertação não publicada, Universidade de Cincinnati, Cincinnati.

Martin, W. & Shulman, S. (2006). Impact of Intel Tech Essentials on Teachers' Instructional Practices and Uses of Technology. Recuperado em 6 de agosto de 2008, de http://cct.edc.org/admin/publications/report/EssentialsUseofTech06.pdf

Mathews, J. G., & Guarino, A. J. (2000). Predicting teacher computer use: A path analysis. *International Journal of Instructional Media, 27*(4), 385392.

McFarlane, T. A., Green, K. E., & Hoffman, E. R. (1997). *Atitudes dos professores em relação à tecnologia: Psychometric evaluation of the technology attitude survey.* Departamento de Educação dos EUA. (ERIC Document Reproduction Service No. ED 411279).

Grupo METIRI (2006). *Tecnologia nas escolas: O que a investigação tem a dizer.*

Obtido em 28 de fevereiro de 2007, de

http://www.cisco.com/web/strategy/docs/education/TechnologyinSchoolsRep ort.pdf

Mitra, A. (1998). Categories of computer use and their relationships with attitudes towards computers. *Journal of Research on Computing in Education, 30*(3), 281-296.

Moersch, C. (1995). *Quadro LoTi: Níveis de rutura da implementação da tecnologia.* Disponível em http://www.drchrismoersch.com/loti.html

Muir-Herzig, R. G. (2004). A tecnologia e o seu impacto na sala de aula. *Computadores e Educação, 42*(2), 111-131.

Cooperativa Nacional de Ensino Pós-Secundário (NPEC). (2004). *Como é que a tecnologia afecta o acesso ao ensino pós-secundário? O que é que sabemos realmente?* (Relatório nº NCES 2004-831). Obtido do Centro Nacional de Estatística da Educação: http://nces.ed.gov/pubs2004/2004831.pdf

Norris, C., Smolka, J., & Soloway, E. (2000). Extrair valores da investigação: A guide for the perplexed. *Technology and Learning, 20*(11), 45-48.Norris, C., Sullivan, T., Poirot, J., & Soloway, E. (2003). Sem acesso, sem utilização e sem impacto: Snapshot surveys of educational technology in K-12. *Journal of Research on Teaching in Education, 36*(1), 15-27.

Norton, S., Campbell, J., McRobbie, C. J., & Cooper, T. J. (2000). Explorando as razões dos professores de matemática do ensino secundário para não usarem computadores em o seu ensino: cinco estudos de caso. *Jornal de Investigação sobre Informática em Educação, 33*(1), 87-109.

Ogle, T., Branch, M., Canada, B., Christmas, O., Clement, J., Fillion, J., Goddard, E., Loudat, N. B., Purwin, T., Rogers, A., Schmitt, C., & Vinson, M. (2002). Grupo de trabalho sobre tecnologia nas escolas: *Sugestões, ferramentas e diretrizes para avaliar a tecnologia no ensino básico e secundário* (Relatório n.º NCES 2003-313). Disponível no Centro Nacional de Estatísticas da Educação: http://nces.ed.gov/pubs2003/2003313.pdf

Departamento de Educação do Ohio (2007). Relatório anual sobre o progresso educacional em Ohio. Obtido em 10 de janeiro de 2007, em http://education. ohio.gov/GD/Templates/Pages/ODE/ODEDetail.aspx? page=3&TopicRelationID=1266&ContentID=34744&Content=57445

Departamento de Educação do Ohio (2005). Diretório Educacional do Ohio 20052006 Ano Académico. Columbus, OH: Centro de Recursos Documentais do Departamento de Educação do Ohio.

Departamento de Educação do Ohio (2004). *Tipologia dos distritos escolares do Ohio.* Disponível em

http://education.ohio.gov/gd/gd.aspx?Page=3&TopicRelationID=1&ContentID=12833&Content=61540

eTech Ohio (2008). Tecnologia para a aprendizagem. Disponível em http://www.etech.ohio.gov/edu_tech/index.jsp

Grupo de trabalho para a implementação da tecnologia nas escolas do Ohio. (2002, 31 de dezembro). *Relatório final* (Repositório 0460). Columbus, OH: Departamento de Educação do Ohio, Centro de Recursos Documentais

Parr, J. M. (1999). Alargamento da informática educativa: A case of extensive teacher development and support. *Journal of Research on Computing in Education, 31*(3), 280-291.

Park, J., & Staresina, L. N. (2004). Tracking United States' trends *Education Week:*

Technology Counts, 23(35). Recuperado de http://counts.edweek.org/sreports/tc04.

Parsad, B., & Jones, J. (2005). *Internet access in United States' public schools and classrooms: 1994-2003* (Relatório nº NCES 2005-015). Obtido do Centro Nacional de Estatísticas da Educação: http://www.nces.ed.gov/pubs2005/2005015.pdf

Parceria para as Competências do Século 21st [PFTFCS]. (2003). *Aprender para o século 21st* . Autor. Disponível em http://www.21stcenturyskills.org

Picciano, A. G. (2002). *Educational leadership and planning for technology* (3rd ed.). Upper Saddle River, NJ: Merrill Prentice Hall.

Ravitz, J.L., Wong, Y.T., & Becker, H.J., (1998). Teaching, Learning and Computing: A National Survey of Schools and Teachers Describing their best Practices, teaching Philosophies and uses of Technology Irvine, CA: Center for Research on Information Technology and Organizations.

Reeds, D., Roberts, L., Lunsford, C., Strassberg, Z., Becker, J., Mann, D., & Shakeshaft, C. (2001).Measuring the effects of technology use: O que é que podemos dizer? Simpósio apresentado na reunião anual da Associação Americana de Investigação Educacional, Seattle, WA.

Resta, P., Patru, M., & Khvilon, E.(2002). *UNESCO: Tecnologias da informação e da comunicação na formação de professores: Um guia de planeamento.* Disponível em http://unesdoc.unesco.org/images/0012/001295/129533e.pdf

Ringstaff, C. & Kelley, L. (2002). The Learning Return on Our Educational Technology Investment: A review of findings from research. Retirado de http://www.wested.org/online_pubs/learning_return.pdf

rd Roblyer, M. D. (2004). *Integração da tecnologia educativa no ensino* (3

ed.). Upper Saddle River, NJ: Merrill Prentice Hall.

Rogers, E. M. (2003). *Diffusion of innovation* (4th Ed.). Nova Iorque: Free Press.

Rowand, C. (2000). *Teacher use of computers and the Internet in public schools. Stats in brief* (Relatório nº NCES 2000-090). Obtido do Centro Nacional de Estatísticas da Educação: http://nces.ed.gov/pubs2000/2000090.pdf

Russell, M., Bebell, D., O'Dwyer, L., & O'Connor, K. (2004). Measuring teachers' technology uses. Why Multiple-measures are more revealing. *Journal of Research on Technology in Education, 37*(1), 45-63.

Schacter, J. (2000). *O impacto da tecnologia educativa nos resultados dos alunos: What the most current research has to say*. Santa Mónica, CA: Milken Family Foundations. Disponível em http://www.mff.org/pubs/ME161.pdg

Shelly, G. B., Cashman, T. J., & Vermaat, M. E. (2004). *À descoberta dos computadores: A Gateway to information.* Boston, MA: Thomson learning Inc.

Smerdon, B., Cronen, S., Lanahan, L, Anderson, J., Iannotti, N., & Angeles, J. (2000). *Ferramentas dos professores para o século 21st : A report on teachers' use of technology* (Relatório nº NCES 2000-102). Obtido do Centro Nacional de Estatísticas da Educação: http://nces.ed.gov/pubs2000/2000102.pdf

Stevens, J. P. (1999). *Uma estatística intermédia de abordagem moderna* (2nd Ed.).

Mahwah, NJ: Lawrence Erlbaum Associates.

Swanson, C. B. (2006, 4 de maio). *Education Week: Technology Counts:*

Acompanhar as tendências dos Estados Unidos. Obtido em 10 de janeiro de 2007, em http://www.edweek.org/ew/articles/2006/05/04/35trends.h25.html rd

Tabachnick, B.G. & Didell, L. S. (1993). *Using multivariate statistics* (3 Ed.). Northridge, CA: Harper Collins College Publisher.

Tearle, P. (2003). Implementação das TIC: What makes the difference? *British Journal of Educational Technology, 34*(5), 567-583.

Lillie, V., & Lang, A. (2006, 4 de maio).Technology Leaders: Grading the States. (2006, 4 de maio). The Information Edge: Using data to accelerate achievement. *Education Week: Technology Counts*. Recuperado em 28 de fevereiro de 2007, de

http://www.edweek.org/media/ew/tc/2006/TC06_press.pdf

Trotter, A. (2007). As escolas públicas dos Estados Unidos percorreram um longo caminho desde que a ligação à Internet era o seu principal desafio tecnológico. *Semana da Educação: Technology Counts*: A Digital Decade. Recuperado em 29 de março de 2007, de http://www.edweek.org/go/tc07

Tuckman, B. W. (1999). *Conducting Educational Research,* (5th Ed.). Belmont, CA:

Wadsworh, Thomson Learning.

Departamento de Educação dos EUA, Centro Nacional de Estatísticas da Educação. (2005). *The condition of education 2005* (Relatório No. NCES 2005-094). Obtido do Centro Nacional de Estatísticas da Educação: http://nces.ed.gov/pubs2005/2005094.pdf

Vannatta, R. A., & Fordham, N.(2004). Teacher dispositions as predictors of classroom technology use. *Journal of Research on Technology in Education, 36*(3), 253-271.

Waxman, H. C., Connell, M. L., & Gray, J. (2002). *A quantitative synthesis of recent research on the effects of teaching and learning with technology on student outcomes (Uma síntese quantitativa da investigação recente sobre os efeitos do ensino e da aprendizagem com tecnologia nos resultados dos alunos).* Recuperado de North Central Regional Educational Laboratory (NCREL): http://www.ncrel.org/tech/effects/effects.pdf

Waxman, H. C., Lin, M., & Michko, G. M.(2003). A meta-analysis of the effectiveness of teaching and learning with technology on student outcomes (Uma meta-análise da eficácia do ensino e da aprendizagem com tecnologia nos resultados dos alunos). Learning Point Associates. Obtido em 29 de maio de 2005, em http://www.ncrel. org/tech/effects2/waxman.pdf

Wiles, J. (2005). *Curriculum essentials: Um recurso para educadores* (4th Ed.). Boston, MA: Allyn and Bacon.

Williams, C. (2000). Stats in Brief: Internet access in public schools and classrooms: 1994-99, (Report No. NCES 2000-086) Retrieved from

Centro Nacional de Estatísticas da Educação:

http://nces.ed.gov/pubs2000/2000086.pdf

Young, B. J. (2000). Gender differences in student attitudes towards computers. *Journal of Research on Computing in Education*, *33*(2), 204.

Yildirim, S. (2000). Efeitos de um curso de informática educativa em professores em formação e em serviço: A discussion and analysis of attitudes and use. *Journal of Research on computing in Education, 32*(4), 479496.

APÊNDICE

APPENDIX A: Perguntas para o debate em grupo

Qual é a sua definição de tecnologia?

Como é que o professor define a integração tecnológica?

A tecnologia está a mudar o ensino e a aprendizagem?

Como está a mudar a sua forma de ensinar, aprender e comunicar?

Quais são as suas próprias experiências, opiniões e observações sobre a tecnologia?

Que barreiras enfrenta na utilização da tecnologia como ferramenta de ensino?

Como está a utilizar a tecnologia?

Com que frequência o utiliza nas aulas?

Com que frequência utiliza a tecnologia em casa?

Com que objetivo?

Está a utilizar a tecnologia no seu ensino?

Se sim, o que é que o motiva a utilizá-lo?

Se não, o que é que o impede de o utilizar?

Na sua opinião, qual é o futuro da tecnologia?

Que medidas sugere que o Ministério da Educação do Ohio deveria tomar para melhorar a integração da tecnologia no currículo?

Qual é a sua visão do papel da tecnologia no ensino e na aprendizagem daqui a cinco anos?

Como prevê a sua utilização da tecnologia daqui a cerca de cinco anos? O que é que definiria como uma utilização eficaz da tecnologia para o ensino e a aprendizagem?

A tecnologia está a ser utilizada eficazmente?

Está preocupado com o facto de a tecnologia não estar a ser utilizada eficazmente para melhorar os resultados?

APPENDIX B: Questionário de investigação

Direcções

Este inquérito coloca-lhe questões sobre a utilização de computadores nas suas práticas de ensino na sala de aula. Neste inquérito, computador ou tecnologia informática refere-se a computadores de secretária e portáteis (hardware e software) actualizados e em funcionamento, com ligação à Internet, e a periféricos como impressoras, scanners e projectores. Selecione a sua resposta com base na sua primeira impressão de cada item e responda a todos os itens, mesmo que alguns possam parecer redundantes.

Para cada um dos itens seguintes, escreva as suas respostas nos espaços fornecidos.

1. Qual é o seu nível de formação mais elevado? (***Faça um círculo à volta da que melhor se aplica a si***)

   BacharelatoMestradoMestrado mais 30Doutoramento (Ph.D.)

2. Incluindo o ano em curso, quantos anos de experiência de ensino tem? Anos.
3. Que nível(is) de ensino lecciona este ano? (Enumerar todos)
4. Que disciplina(s) está a lecionar este ano?
5. O seu sexo (***assinalar com um círculo***) MasculinoFeminino
6. Em média, quantos alunos tem na sua turma regular?

No número (7) abaixo, indique o número de computadores que estão disponíveis para utilizar para ensinar o seu aluno na sua sala de aula. Se não tiver computadores na sua sala de aula mas utilizar computadores situados num laboratório informático, indique a quantidade (número) no espaço previsto na alínea b) do ponto 7.

7(a) Quantos computadores utiliza para o ensino na sala de aula estão localizados em a sua sala de aula? ______________________

(b) Quantos computadores que utiliza para dar aulas estão localizados numa laboratório de informática?-------------

(c) Todos os computadores da sua sala de aula estão ligados à Internet?

As afirmações seguintes (8-25) estão relacionadas com a utilização do computador no ensino na sala de aula. Para cada afirmação, indique se discorda totalmente **(SD)**, discorda **(D)**, concorda **(A)**, concorda totalmente **(SA)** com a afirmação, sombreando **o círculo** associado à sua escolha.

		SD	D	A	SA
8.	A utilização do computador no ensino na sala de aula dota os alunos das competências necessárias para serem bem sucedidos na era da informação.	O	O	O	O
9.	As minhas práticas de ensino estão cada vez mais dependentes da utilização do computador na aprendizagem em sala de aula.	O	O	O	O
10.	A utilização de computadores no ensino na sala de aula permite-me ensinar os meus alunos de forma prática e criativa.	O	O	O	O
11.	Saber como utilizar os computadores no ensino na sala de aula é uma competência **obrigatória** para todos os professores.	O	O	O	O
12.	A utilização do computador na aprendizagem em sala de aula **não**				
	melhorar os resultados académicos dos alunos.				
13.	Os professores devem utilizar diariamente os computadores nas suas aulas.	O	O	O	O
14.	Gosto de utilizar os computadores para ensinar os meus alunos.	O	O	O	O
15.	Gosto de utilizar computadores para ensinar na sala de aula quando têm o software de que preciso.	O	O	O	O
16.	Estou relutante em utilizar computadores no ensino na sala de aula porque os computadores tornam o meu trabalho de professor mais difícil.	O	O	O	O

17.	Não utilizo computadores no ensino na sala de aula porque ocupam demasiado do meu tempo.	O	O	O	O
18.	A utilização de computadores para o ensino na sala de aula obriga os professores a abandonar métodos de ensino eficazes **e comprovados pelo tempo.**	O	O	O	O
19.	Ensino mais eficazmente sem utilizar computadores.	O	O	O	O
20.	Não utilizo computadores na minha sala de aula porque são uma distração para os meus alunos.	O	O	O	O
21.	Quando procuro novos materiais e métodos de ensino, procuro frequentemente os que exigem poucas alterações	O	O	O	O
22.	A localização dos computadores na escola **não afecta** a medida em que utilizo os computadores para o ensino na sala de aula	O	O	O	O
23.	Penso que os computadores localizados num laboratório de informática são menos utilizados do que os localizados na sala de aula.	O	O	O	O
24.	O facto de ter computadores disponíveis na minha sala de aula promove a minha utilização diária do computador para o ensino na sala de aula.	O	O	O	O
25.	A falta de computadores na minha sala de aula impede-me de utilizar os computadores para ensinar	O	O	O	O

Os professores adquirem as suas aptidões e competências informáticas através de diferentes métodos de formação. Para os seguintes métodos de formação, selecione a resposta que MELHOR reflecte a sua situação, sombreando o círculo associado à sua escolha.

26. Como é que cada um dos seguintes métodos de formação o preparou para utilizar os computadores no seu ensino na sala de aula?

	Não	Minimamente	Preparado	Altamente

	preparado	preparado		preparado
a). Workshops e seminários de desenvolvimento profissional	O	O	O	O
b). Formação de pares	O	O	O	O
c). Esforço pessoal/auto-formação	O	O	O	O
d). Formação universitária	O	O	O	O

27. De um modo geral, até que ponto está preparado para utilizar computadores no ensino na sala de aula?

Não preparado	**Minimamente preparado**	**Preparado**	**Altamente preparado**
O	O	O	O

A capacidade dos professores para utilizar a tecnologia informática na sala de aula é classificada em quatro níveis: Não-utilizador, Novato, Intermédio e Praticante neste inquérito.

Não utilizador: Estou ciente da disponibilidade de tecnologia informática na minha escola, mas não a utilizo nas minhas aulas. Ainda estou a aprender as noções básicas.

Novato: Tenho algumas competências informáticas básicas e posso utilizar os computadores na minha sala de aula de uma forma limitada.

Intermédio: Estou a ganhar alguma confiança na utilização de computadores para o ensino na sala de aula, até certo ponto, para realizar tarefas específicas, mas ainda não sou capaz de integrar totalmente os computadores em todas as fases do meu ensino na sala de aula.

Praticante: Estou confiante em utilizar plenamente a tecnologia informática em muitas aplicações para o meu ensino na sala de aula. Até procuro novo software para utilizar no ensino na sala de aula.

27. Qual é o seu nível atual de proficiência para integrar a tecnologia informática no ensino na sua sala de aula?

Não utilizador	Novato	Intermediário	Profissional
O	O	O	O

Os professores utilizam as tecnologias informáticas nas suas salas de aula para o ensino e outras utilizações relacionadas. Nos itens seguintes, selecione a opção que reflecte verdadeiramente o seu nível atual de utilização de computadores.

28. Com que regularidade utiliza computadores para ensinar os seus alunos na sua sala de aula?

Nunca	Uma a duas vezes por semana	Três a quatro vezes por semana	**Diário**
O	O	O	O

29. Com que regularidade utiliza os computadores para ensinar os seus alunos a desenvolver competências nas seguintes competências académicas?

	Nunca	Uma a duas vezes por semana	Três a quatro vezes por semana	**Diário**
(a) Resolução de problemas	O	O	O	O
(b) Pesquisa na Internet	O	O	O	O
(c) Análise dos dados	O	O	O	O
(d) Divulgação de informações	O	O	O	O

30. Com que regularidade utiliza os seguintes programas informáticos para ensinar os seus alunos?

	Nunca	Uma a duas vezes por semana	Três a quatro vezes por semana	Diário
(a) Software de treino e prática	O	O	O	O

(b) Simulação e software	O	O	O	O
(c) Software multimédia/gráfico	O	O	O	O
(d) Software de processamento de texto	O	O	O	O
(e) Software PowerPoint	O	O	O	O
(f) Software Excel/folhas de cálculo	O	O	O	O

32. Com que regularidade utiliza computadores para:

	Nunca	Uma a duas vezes por semana	Três a quatro vezes por semana	Diário
(a) Comunicação por correio eletrónico com os pais e colegas dos alunos	O	O	O	O
(b) Criar planos de aula	O	O	O	O
(c) Pesquisa na Internet de novas informações sobre um novo método de ensino	O	O	O	O
Manter as notas das aulas e os registos de assiduidade	O	O	O	O

33. Quais são, na sua opinião, os principais obstáculos à utilização quotidiana dos computadores na sala de aula?

---

34. Que software utiliza regularmente na sua sala de aula? (**Enumere todos os que se aplicam a si**).

Muito obrigado pelo vosso tempo. Não poderia ter feito esta investigação sem a vossa ajuda.

APÊNDICE C: Lista de itens adaptados de outros instrumentos

8. A utilização do computador no ensino na sala de aula dota os	Cater & Leeh, 2001

alunos das competências necessárias para serem bem sucedidos na era da informação.	
9. As minhas práticas de ensino estão cada vez mais dependentes da utilização do computador na aprendizagem em sala de aula.	Cater & Leeh, 2001
10. a utilização de computadores no ensino na sala de aula permite para ensinar os meus alunos de forma prática e criativa.	McFarlane, Hoffman, &Green, 1997
11. A utilização do computador na aprendizagem em sala de aula não melhora o desempenho académico dos alunos.	Young, 2000
12. saber utilizar os computadores na sala de aula O ensino é uma competência obrigatória para todos os professores.	McFarlane, Hoffman, &Green, 1997
13. Os professores devem utilizar diariamente os computadores nas suas aulas.	Cater & Leeh, 2001
14. Gosto de utilizar os computadores para ensinar os meus alunos.	Mitra, A., 1998
15. Gosto de utilizar o computador na sala de aula quando este tem o software de que necessito.	Young, 2000
16. Estou relutante em utilizar computadores no ensino na sala de aula porque os computadores tornam o meu trabalho de professor mais difícil.	Hogarty, Lang, & Kromrey, 2003
17. Não utilizo computadores no ensino na sala de aula porque exigem demasiado do meu tempo.	Knezek & Christensen, 1997
18. A utilização de computadores para o ensino na sala de aula obriga os professores a abandonar métodos de ensino eficazes e comprovados pelo tempo.	Cater & Leeh, 2001
19. Ensino mais eficazmente sem utilizar computadores.	Cater & Leeh, 2001
20. Não utilizo computadores nas minhas aulas porque são uma	Knezek &

distração para os meus alunos.	Christensen, 1997
21. Quando procuro novos materiais e métodos de ensino, procuro frequentemente os que exigem poucas alterações	Vannatta e Fordham, 2004
22. A localização dos computadores na escola não afecta a medida em que utilizo os computadores para o ensino na sala de aula	Ravitz, Wong, & Becker, 1998
23. Acho que os computadores localizados num laboratório de informática são menos utilizados do que os localizados na sala de aula.	Smerdon et al 2000
24. O facto de ter computadores disponíveis na minha sala de aula promove a minha utilização diária do computador para o ensino na sala de aula.	Knezek & Christensen, 1997
25. A falta de computadores na minha sala de aula impede o meu nível de utilização de computadores para ensinar	Knezek & Christensen, 1997

APÊNDICE D: Carta de aprovação do IRB da Universidade de Ohio

Office of the Vice President
for Research

04E132

Office of Research Compliance
Research and Technology
Center 117
Athens OH 45701-2979

T: 740.593.0664
F: 740.593.9838
www.ohio.edu/research

A determination has been made that the following research study is exempt from IRB review because it involves:

Category 2 research involving the use of educational tests, survey procedures, interview procedures or observation of public behavior

Project Title: Integration of Computer Technology into High Schools in Ohio Public Schools

Project Director: Robin G. Wani Latio

Department: Educational Studies

Advisor: Teresa Franklin

Rebecca Cale

Rebecca Cale, Associate Director, Research Compliance
Institutional Review Board

7/29/04

Date

This approval remains in effect provided the study is conducted exactly as described in your application for review. Any additions or modifications to the project must be approved by the IRB (as an amendment) prior to implementation.

APÊNDICE E: Correlações Item-Total corrigidas para cada um dos quatro construtos

Item	Escala Média Se Item Eliminado	Escala Desvio Se o item Eliminado	Corrigido Item-Total Correlação	Ao quadrado Múltiplos Correlação	de Cronbach Alfa Se o item Eliminado
TPCV1	50.27	38.803	.331	.236	.809
TPCV2	50.76	36.363	.528	.443	.796
TPCV3	50.35	37.334	.607	.487	.794
TPCV4	50.20	37.172	.460	.286	.801
TPCV5	50.39	37.392	.521	.367	.798
TCAT1	51.14	37.910	.450	.367	.802
TCAT2	50.38	37.210	.595	.506	.794
TCAT3	50.27	38.015	.518	.389	.799
TCAT4	50.21	38.373	.465	.507	.801
TRTCH1	50.30	37.460	.563	.563	.796
TRTCH2	50.37	38.735	.423	.311	.804
TRTCH3	50.61	37.369	.505	.481	.798
TRTCH4	50.22	38.142	.524	.461	.799

Nota: Os cinco itens com correlações item-total corrigidas baixas são TPCV1 ($r = .331$), TRTCH5 ($r = .333$), LOCIS1 ($r = .119$), LOCIS2 ($r = .012$) e LOCIS4 ($r = .124$).

APÊNDICE H: (continuação)

Item	Escala Média Se-Item	Escala Desvio Se-Item	Corrigido Total do artigo Correlação	Ao quadrado Múltiplos Correlação	de Cronbach Alfa Se-Item

	Eliminado	Eliminado			Eliminado
TRTCH5	50.31	39.400	.333	.184	.808
LOCIS1	50.62	40.252	.119	.247	.825
LOCIS2	51.13	41.517	.012	.098	.831
LOCIS3	50.58	37.021	.452	.280	.801
LOCIS4	50.58	40.229	.124	.233	.824

Alfa de Cronbach = .814, Itens = 18, N = 256

Nota: Os cinco itens com correlações item-total corrigidas baixas são TPCV1 (r = .331), TRTCH5 (r = .333), LOCIS1 (*r* = .119), LOCIS2 (*r* = .012) e LOCIS4 (*r* = .124).

APÊNDICE F: Gráfico de dispersão dos valores residuais e dos valores previstos do critério

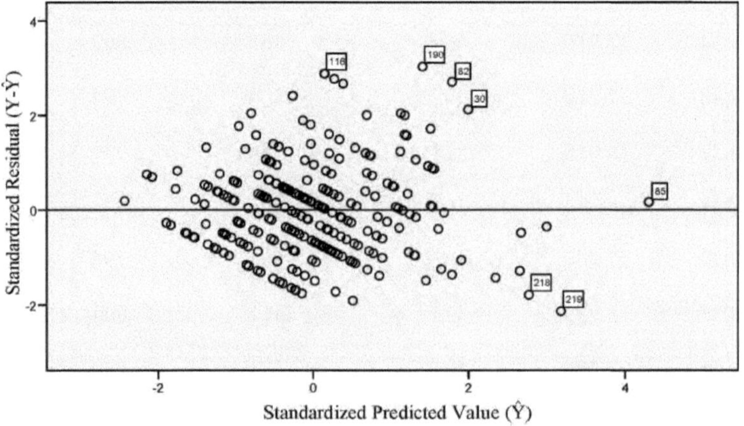

APÊNDICE G: Gráfico de dispersão para valores previstos padronizados do critério

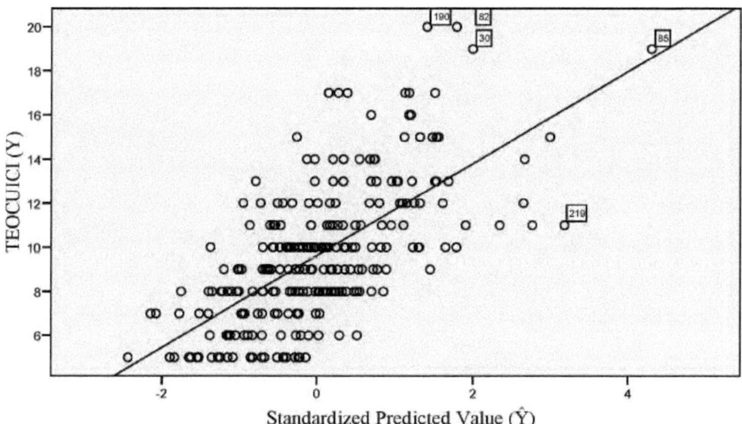

APÊNDICE H: Histograma de frequência das pontuações e dos resíduos de regressão

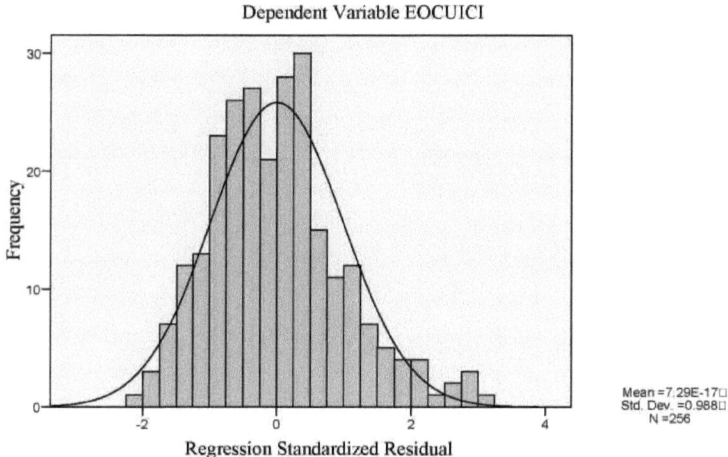

Printed by Books on Demand GmbH, Norderstedt / Germany